2.1.9 课堂案例——制作木板凳

2.2.3 课堂案例——制作圆茶几

2.3.7 课堂案例——制作螺旋楼梯

2.4 课堂练习——制作办公椅

2.5 课后习题——制作墙壁储物架

3.2.1 课堂案例——制作调料架

3.2.2 课堂案例——制作表

3.3 课堂练习——制作中式灯柱

3.4 课后习题——制作酒杯

4.2.5 课堂案例——制作红酒酒瓶

4.2.6 课堂案例——制作杯子架

4.3 课堂练习——制作老板桌

4.4 课后习题——制作厨房置物架

U0315375

5.8.1 课堂案例——制作盘子

5.8.2 课堂案例——制作苹果

5.9 课堂练习——制作花盆

5.10 课后习题——制作椅子

6.4 课堂练习——制作圆桌布

7.2.4 课堂案例
——制作不锈钢材质

7.2.5 课堂案例——制作玻璃材质

7.3 课堂练习——制作木纹材质

8.2.5 课堂案例
——制作筒灯照射效果

9.3 课堂练习——室内摄影机的应用

9.4 课后习题——家具摄影机的应用

10.1 实例1——茶几

10.2 实例2——单人沙发

10.3 实例3——酒架

10.4 课堂练习——制作角几

10.5 课后习题——制作多用柜

11.1 实例 4——毛巾

11.2 实例 5——毛巾架

11.3 实例 6——座便器

11.4 课堂练习——制作水龙头

12.1 实例 7——壁画

12.2 实例 8——咖啡杯

12.3 实例 9——果盘

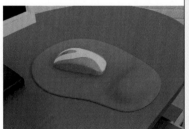

12.4 课堂练习——制作鼠标垫

13.2 实例 11——射灯

13.5 课后习题——制作小吊灯

14.1 实例 13——液晶电视

14.3 实例 15——DVD

14.5 课后习题——制作微波炉

15.1 实例 16——客厅

15.2 实例 17——会议室

15.3 课堂练习——制作多功能厅

15.4 课后习题——制作卧室

16.1 实例 18——凉亭的制作

16.2 实例 19
——商业建筑的制作

16.3 课堂练习——制作别墅

16.4 课后习题
——住宅楼外观

17.1 实例 20
——客厅的后期处理

17.2 实例 21
——会议室的后期处理

17.3 课堂练习
——多功能厅的后期处理

17.4 课后习题
——卧室的后期处理

18.1 实例 22
——凉亭的后期处理

18.2 实例 23
——商业建筑的后期处理

18.3 课堂练习
——别墅的后期处理

18.4 课后习题
——住宅楼的后期处理

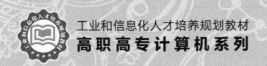

工业和信息化人才培养规划教材

高职高专计算机系列

◎ 郗大海 李平 主编

◎ 杨治华 李海海 曹卫超 副主编

3ds Max 2012+VRay
室内(外)效果图制作(第2版)

人民邮电出版社

北京

图书在版编目（CIP）数据

3ds Max 2012+ VRay室内（外）效果图制作 / 郗大海，李平主编. -- 2版. -- 北京：人民邮电出版社，2013.9（2020.8重印）
工业和信息化人才培养规划教材. 高职高专计算机系列

ISBN 978-7-115-31902-9

Ⅰ. ①3… Ⅱ. ①郗… ②李… Ⅲ. ①建筑设计－计算机辅助设计－三维动画软件－高等职业教育－教材 Ⅳ. ①TU201.4

中国版本图书馆CIP数据核字(2013)第181231号

内 容 提 要

　　3ds Max 2012是目前功能强大的室内外效果图制作软件之一。本书引导读者熟悉软件中各项功能的使用和基本模型的创建，掌握各种室内外效果图的设计制作方法，理解材质、灯光与摄像机在设计中的重要作用。

　　全书共分上下两篇。上篇基础技能篇介绍了3ds Max 2012的基本操作，包括3ds Max 2012的基本功能、基本物体建模、二维图形的绘制与编辑、二维图形生成三维模型、三维模型的常用修改器、复合对象模型、材质与贴图、灯光和摄影机。下篇案例实训篇介绍了3ds Max 2012＋VRay在室内外设计中的应用，包括室内家具的制作、卫浴器具的制作、室内装饰物的制作、室内灯具的制作、家用电器的制作、室内效果图的制作、室外效果图的制作、室内效果图的后期处理和室外效果图的后期处理。

　　本书适合作为高等职业院校室内（外）设计及其他相关专业的教材，也可供相关人员自学参考使用。

　◆ 主　　编　郗大海　李　平
　　副 主 编　杨治华　李海海　曹卫超
　　责任编辑　王　威
　　责任印制　杨林杰

　◆ 人民邮电出版社出版发行　　北京市丰台区成寿寺路 11 号
　　邮编　100164　电子邮件　315@ptpress.com.cn
　　网址　http://www.ptpress.com.cn
　　北京捷迅佳彩印刷有限公司印刷

　◆ 开本：787×1092　1/16　　　　彩插：2
　　印张：19.25　　　　　　　　　2013 年 9 月第 2 版
　　字数：490 千字　　　　　　　　2020 年 8 月北京第 11 次印刷

　　　　　　　定价：49.80 元（附光盘）
读者服务热线：(010)81055256　印装质量热线：(010)81055316
反盗版热线：(010)81055315
广告经营许可证：京东市监广登字 20170147 号

第 2 版前言

　　3ds Max 2012 是由 Autodesk 公司开发的三维设计软件。它功能强大、易学易用，深受国内外建筑工程设计和动画制作人员的喜爱，已经成为这一领域最流行的软件之一。目前，我国很多高职院校的信息技术类专业都将 3ds Max 作为一门重要的专业课程。为了帮助高职院校的教师全面、系统地讲授这门课程，使学生能够熟练地使用 3ds Max 来进行室内外效果图的设计制作，我们几位长期在高职院校从事 3ds Max 教学的教师和专业平面设计公司经验丰富的设计师，共同编写了本书。

　　本书具有完善的知识结构体系。在基础技能篇中，按照"软件功能解析—课堂案例—课堂练习—课后习题"这一思路进行编排。通过软件功能解析，使学生快速熟悉软件功能和制作特色；通过课堂案例演练，使学生深入学习软件功能和室内外设计制作思路；通过课堂练习和课后习题，拓展学生的实际应用能力。在案例实训篇中，根据 3ds Max 2012 在设计中的各个应用领域，精心安排了专业设计公司的 41 个精彩案例。通过对这些案例全面的分析和详细的讲解，使学生更加熟悉实际工作，艺术创意思维更加开阔，实际设计制作水平得到不断提升。

　　在内容编写方面，我们力求细致全面、重点突出；在文字叙述方面，我们注重言简意赅、通俗易懂；在案例选取方面，我们强调案例的针对性和实用性。

　　本书配套光盘中包含了书中所有案例的素材及效果文件。另外，为方便教师教学，本书配备了详尽的课堂练习和课后习题的操作步骤视频以及 PPT 课件、教学大纲等丰富的教学资源，任课教师可到人民邮电出版社教学服务与资源网（www.ptpedu.com.cn）免费下载使用。本书教学辅助资源及配套教辅资源如下表所示。

素材类型	名称或数量	素材类型	名称或数量
教学大纲	1 套	课堂实例	37 个
电子教案	18 单元	课后实例	34 个
PPT 课件	18 个	课后答案	34 个
第 2 章 基本物体建模	制作木板凳	第 11 章 卫浴器具的制作	毛巾架
	制作圆茶几		坐便器
	制作螺旋楼梯		制作水龙头
	制作办公椅		制作牙缸和牙刷
第 3 章 二维图形的 绘制与编辑	制作墙壁储物架	第 12 章 室内装饰物的制作	壁画
	制作调料架		咖啡杯
	制作表		果盘
	制作中式灯柱		制作鼠标垫
	制作酒杯		制作地球仪
第 4 章 二维图形生成 三维模型	制作红酒酒瓶	第 13 章 室内灯具的制作	餐厅灯
	制作杯子架		射灯
	制作老板桌		台灯
	制作厨房置物架		制作壁灯
第 5 章 三维模型的 常用修改器	制作盘子	第 14 章 家用电器的制作	制作小吊灯
	制作苹果		液晶电视
	制作花盆		音响
	制作椅子		DVD

第 6 章 复合对象模型	制作挂画		制作柠檬榨汁机
	制作圆桌布		制作微波炉
	制作移动柜		客厅
第 7 章 材质与贴图	制作不锈钢材质	第 15 章 室内效果图的制作	会议室
	制作玻璃材质		制作多功能厅
	制作木纹材质		制作卧室
	制作真皮材质		凉亭的制作
第 8 章 灯光	制作壁灯效果	第 16 章 室外效果图的制作	商业建筑的制作
	制作筒灯照射效果		制作别墅
	制作筒式壁灯效果		住宅楼外观
	制作暗藏灯效果		客厅的后期处理
第 9 章 摄影机	室内摄影机的应用	第 17 章 室内效果图的 后期处理	会议室的后期处理
	家具摄影机的应用		多功能厅的后期处理
第 10 章 室内家具的制作	茶几		卧室的后期处理
	单人沙发	第 18 章 室外效果图的 后期处理	凉亭的后期处理
	酒架		商业建筑的后期处理
	制作角几		别墅的后期处理
	制作多用柜		住宅楼的后期处理
	毛巾		

本书的参考学时为 46 学时，其中实践环节为 19 学时，各章的参考学时参见下面的学时分配表。

章　节	课程内容	学 时 分 配	
		讲　授	实　训
第 1 章	初识 3ds Max 2012	1	
第 2 章	基本物体建模	2	1
第 3 章	二维图形的绘制与编辑	2	1
第 4 章	二维图形生成三维模型	1	1
第 5 章	三维模型的常用修改器	1	1
第 6 章	复合对象模型	1	1
第 7 章	材质与贴图	1	1
第 8 章	灯光	1	1
第 9 章	摄影机	1	1
第 10 章	室内家具的制作	1	1
第 11 章	卫浴器具的制作	1	1
第 12 章	室内装饰物的制作	1	1
第 13 章	室内灯具的制作	2	1
第 14 章	家用电器的制作	2	1
第 15 章	室内效果图的制作	3	2
第 16 章	室外效果图的制作	3	2
第 17 章	室内效果图的后期处理	1	1
第 18 章	室外效果图的后期处理	2	1
课 时 总 计		27	19

本书由郗大海、李平任主编，杨治华、李海海、曹卫超任副主编。

由于作者水平有限，书中难免存在错误和不妥之处，敬请广大读者批评指正。

编　者

2013 年 1 月

目　录

上　篇

基础技能篇

第1章

初识 3ds Max 2012

本章主要讲解了 3ds Max 2012 的功能、特色、应用领域，启动和退出的方法，工作界面等内容。通过本章内容的学习，读者可以了解和掌握 3ds Max 2012 的基础知识和基本操作，为以后的室内外装潢设计工作打下坚实的基础。

课堂学习目标

- 了解 3ds Max 的功能和应用
- 掌握 3ds Max 2012 的启动和退出方法
- 掌握 3ds Max 2012 的工作界面

1.1　3ds Max 概述

　　Autodesk 公司推出的集建模、动画及渲染为一体的大型三维软件 3ds Max，经过不断的换代及更新，已经发展到 3ds Max 2012，其功能也已十分强大。

　　3ds Max 是近年来销量最大的虚拟现实技术应用软件，它集三维建模、材质制作、灯光设定、摄影机设置、动画设定及渲染输出于一身，提供了三维动画及静态效果图全面、完整的解决方案，因此成为当今各行各业使用较为广泛的三维制作软件。特别是在建筑行业中，更深受建筑设计师和室内外装潢设计师的青睐。在 3ds Max 系统中，如果使用 VRay 渲染器进行渲染，制作者可以尽情地发挥想象，尽情地制作出富有真实感的效果图。

　　在众多的计算机应用领域中，三维动画已经发展成为一个比较成熟的独立产业，它被广泛地应用到影视特技、广告、军事、医疗、教育、娱乐等行业中。这种强大的视觉冲击力被越来越多的人所接受，也让很多的有志青年踏上了三维创作之路。本节主要带领读者认识 3ds Max 及 3ds Max 2012 的新增功能。

　　3ds Max 系列是 Autodesk 公司推出的效果图设计和三维动画设计软件，是著名软件 3D Studio 的升级版本。3ds Max 是世界上应用最广泛的三维建模、动画和渲染软件，广泛应用于游戏开发、角色动画、电影电视视觉效果和设计等领域，图 1-1 所示为 3D 动画《冰河世纪》中的宣传画。

　　DOS 版本的 3D Studio 诞生于 20 世纪 80 年代末，其最低配置要求是 386 DX，不附加处理器，这样低的硬件要求使得 3D Studio 这个软件迅速风靡全球，成为效果图设计和三维动画设计领域的领头羊。3D Studio 采用内部模块化设计，命令简单明了，易于掌握，可存储 24 位真彩图像。它的出现使得计算机上的图形功能接近于图形工作站的性能，因此 3D Studio 在设计领域得到了广泛运用。

　　进入 20 世纪 90 年代后，Windows 操作系统的进步，使 DOS 下的设计软件在颜色深度、内存、渲染和速度上存在严重不足。同时，基于工作站的大型三维设计软件 Softimage、Lightwave 和 Wavefront 等在电影特技行业的成功使 3D Studio 的设计者决心迎头赶上。

图 1-1

　　3ds Max 系列软件就是在这种情况下诞生的，它是 3D Studio 的超强升级版本，运行于 Windows NT 环境下，采用 32 位操作方式，对硬件的要求比较高。3ds Max 的功能强大，内置工具十分丰富，外置接口也很多。它的内部采用按钮化设计，一切命令都可通过按钮命令来实现。3ds Max 的算法很先进，所带来的质感和图形工作站几乎没有差异。它以 64 位进行运算，可存储 32 位真彩图像。3ds Max 一经推出，其强大功能立即使它成为制作效果图和三维动画的首选软件。它是通用性极强的三维模型和动画制作软件，其功能非常全面，可以完成从建模、渲染到动画的全部制作任务，因而被广泛应用于各个领域。

Autodesk 3ds Max 2012 为在更短的时间内制作模型和纹理、角色动画及更高品质的图像提供了令人无法抗拒的新技术。建模与纹理工具集的巨大改进可通过新的前后关联的用户界面调用，有助于加快日常工作流程，而非破坏性的 Containers 分层编辑可促进并行协作。同时，用于制作、管理和动画角色的完全集成的高性能工具集可帮助快速呈现栩栩如生的场景。而且，借助新的基于节点的材质编辑器、高质量硬件渲染器、纹理贴图与材质的视口内显示以及全功能的 HDR 合成器，制作炫目的写实图像空前的容易。

1.2　3ds Max 2012 的启动与退出

安装上 3ds Max 2012 软件后，下面介绍 3ds Max 2012 的启动与退出。

1.2.1　3ds Max 2012 的启动

启动 3ds Max 2012 的方法有以下两种。

方法一：在桌面上双击图标即可打开 3ds Max 2012 启动界面。

方法二：在桌面（开始）>程序里面找到 3ds Max 2012 软件，单击也可激活 3ds Max 2012 的启动界面。

1.2.2　3ds Max 2012 的退出

关闭 3ds Max 2012 的方法也有很多种，其中在桌面的右上角的快捷按钮上单击"✕（关闭）"按钮；在菜单栏中选择菜单中的"退出 3ds Max"命令按钮；按快捷键 Alt+F4 键，都可以退出 3ds Max 软件。

1.3　3ds Max 2012 界面详解

启动软件后，下面我们来对 3ds Max 2012 界面进行讲解。

1.3.1　标题栏

在标题栏中包括应用程序按钮、快速访问工具栏、信息中心及菜单。

单击应用程序按钮时显示的应用程序菜单提供了文件管理命令，如图 1-2 所示。

应用程序按钮的菜单中的选项功能介绍如下。

⊙ 新建：单击"新建"命令在弹出的子菜单中可以选择新建全部、保留对象、保留对象和层次等命令。

⊙ 重置：使用"重置"命令可以清除所有数据并重置 3ds Max 设置（视口配置、捕捉设置、材质编辑器和背景图像等）。重置可以还原启动默认设置（保存在 Maxstart.Max 文件中），并且可以移除当前会话期间所做的任何自定义设置。

　　⊙ 打开：使用该命令可以根据弹出的子菜单选择打开的文件类型。

　　⊙ 保存：将当前场景进行保存。

　　⊙ 另存为：将场景另存为。

　　⊙ 导入：使用该命令可以根据弹出的子菜单中的命令选择导入、合并和替换方式导入场景。

　　⊙ 导出：使用该命令可以根据弹出的子菜单中选择直接导出、导出选定对象和导出 DWF 文件等。

　　⊙ 发送到：使用该命令可以将制作的场景模型发送到其他相

图 1-2

关的软件中，如 maya、softimage、motionBulider、Mudbox、AIM。

　　⊙ 参考：在子菜单中选择相应的命令以设置场景中的参考模式。

　　⊙ 管理：其中包括设置项目文件夹和资源追踪等命令。

　　⊙ 属性：从中访问文件属性和摘要信息。

注意　应用程序按钮与以前版本中的文件菜单命令相同。

1.3.2　菜单栏

　　菜单栏位于主窗口的标题栏下面，如图 1-3 所示。每个菜单的标题表明该菜单上命令的用途。单击菜单名时，菜单名下面列出了很多命令。

| 编辑(E) | 工具(T) | 组(G) | 视图(V) | 创建(C) | 修改器 | 动画 | 图形编辑器 | 渲染(R) | 自定义(U) | MAXScript(M) | 帮助(H) |

图 1-3

　　菜单栏中的各选项功能介绍如下。

　　⊙ 编辑：该菜单包含用于在场景中选择和编辑对象的命令，如撤销、重做、暂存、取回、删除、克隆和移动等对场景中的对象进行编辑的命令。

　　⊙ 工具：在 3ds Max 场景中，工具菜单显示可帮助用户更改或管理对象，从下拉菜单中可以看到常用的工具和命令。

　　⊙ 组：包含用于将场景中的对象成组和解组的功能。组可将两个或多个对象组合为一个组对象。为组对象命名，然后像任何其他对象一样对它们进行处理。

　　⊙ 视图：该菜单包含用于设置和控制视口的命令。

　　⊙ 创建：提供了一个创建几何体、灯光、摄影机和辅助对象的方法。该菜单包含各种子菜单，它与创建面板中的各项是相同的。

　　⊙ 修改器：该菜单提供了快速应用常用修改器的方式。该菜单将划分为一些子菜单，此菜单上各个命令的可用性取决于当前选择。

⊙ 动画：提供一组有关动画、约束和控制器，以及反向运动学解算器的命令。此菜单中还提供自定义属性和参数关联控件，以及用于创建、查看和重命名动画预览的控件。

⊙ 图形编辑器：使用该菜单可以访问用于管理场景及其层次和动画的图表子窗口。

⊙ 渲染：该菜单包含用于渲染场景、设置环境和渲染效果、使用 Video Post 合成场景，以及访问 RAM 播放器的命令。

⊙ 自定义：该菜单包含用于自定义 3ds Max 用户界面（UI）的命令。

⊙ MAXScript：该菜单包含用于处理脚本的命令，这些脚本是由用户使用软件内置脚本语言 MAXScript 创建而来的。

⊙ 帮助：通过该菜单可以访问 3ds Max 联机参考系统。

1.3.3　主工具栏

通过工具栏可以快速访问 3ds Max 中很多常见任务的工具和对话框，如图 1-4 所示。

图 1-4

主工具栏中的各选项功能介绍如下。

⊙ （选择并链接）按钮：可以通过将两个对象链接作为子和父，定义它们之间的层次关系。子级将继承应用于父级的变换（移动、旋转和缩放），但是子级的变换对父级没有影响。

⊙ （断开当前选择链接）按钮：可移除两个对象之间的层次关系。

⊙ （绑定到空间扭曲）按钮：可以把当前选择附加到空间扭曲。

⊙ 全部 （选择过滤器列表）按钮：使用选择过滤器列表，如图 1-5 所示，可以限制由选择工具选择的对象的特定类型和组合。例如，如果选择"摄影机"选项，则使用选择工具只能选择摄影机。

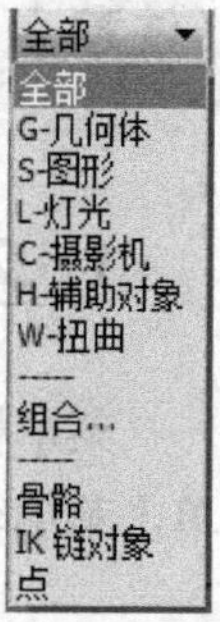

图 1-5

⊙ （选择对象）按钮：选择对象可使用户选择对象或子对象，以便进行操纵。

⊙ （按名称选择）按钮：可以使用选择对象对话框从当前场景中的所有对象列表中选择对象。

⊙ （矩形选择区域）按钮：在视口中以矩形框选区域。弹出按钮提供了 （圆形选择区域）、 （围栏选择区域）、 （套索选择区域）和 （绘制选择区域）供选择。

⊙ （窗口/交叉）按钮：在按区域选择时，"窗口/交叉"选择切换可以在窗口和交叉模式之间进行切换。在窗口模式 中，只能选择所选内容中的对象或子对象。在交叉模式 中，可以选择区域内的所有对象或子对象，以及与区域边界相交的任何对象或子对象。

⊙ （选择并移动）按钮：要移动单个对象，则无需先选择该按钮。当该按钮处于活动状态时，单击对象进行选择，并拖动鼠标以移动该对象。

⊙ （选择并旋转）按钮：当该按钮处于激活状态时，单击对象进行选择，并拖动鼠标以旋转该对象。

⊙ （选择并均匀缩放）按钮：使用 （选择并均匀缩放）按钮，可以沿所有 3 个轴以相同量缩放对象，同时保持对象的原始比例。 （选择并非均匀缩放）按钮可以根据活动轴约束以非均匀方式缩放对象。按钮可以根据活动轴约束来缩放对象。

⊙ 视图 ▼（参考坐标系）按钮：使用"参考坐标系"列表，可以指定变换所用的坐标系。列表选项包括"视图"、"屏幕"、"世界"、"父对象"、"局部"、"万象"、"栅格"、"工作"和"拾取"。"视图"是"世界"和"屏幕"坐标系的混合体，使用"视图"时，所有正交视图都使用"屏幕"坐标系，而透视视图使用"世界"坐标系。

⊙ 按钮：弹出按钮提供了对用于确定缩放和旋转操作几何中心的 3 种方法的访问。使用按钮中可以围绕其各自的轴点旋转或缩放一个或多个对象。按钮可以围绕其共同的几何中心旋转或缩放一个或多个对象。如果变换多个对象，该软件会计算所有对象的平均几何中心，并将此几何中心用做变换中心。按钮可以围绕当前坐标系的中心旋转或缩放一个或多个对象。

⊙ 按钮：使用该按钮可以通过在视口中拖动"操纵器"，编辑某些对象、修改器和控制器的参数。

⊙ 按钮：使用键盘快捷键覆盖切换可以在只使用主用户界面快捷键和同时使用主快捷键和组（如编辑/可编辑网格、轨迹视图和 NURBS 等）快捷键之间进行切换。可以在自定义用户界面对话框中自定义键盘快捷键。

⊙ 按钮：是默认设置。光标直接捕捉到 3D 空间中的任何几何体。3D 捕捉用于创建和移动所有尺寸的几何体，而不考虑构造平面。光标仅捕捉到活动构建栅格，包括该栅格平面上的任何几何体。将忽略 Z 轴或垂直尺寸。光标仅捕捉活动栅格上对象投影的顶点或边缘。

⊙ 按钮：角度捕捉切换确定多数功能的增量旋转。默认设置为以 5° 增量进行旋转。

⊙ 按钮：百分比捕捉切换通过指定的百分比增加对象的缩放。

⊙ 按钮：使用微调器捕捉切换设置 3ds Max 中所有微调器的单个单击增加或减少值。

⊙ 按钮：显示编辑命名选择对话框，可用于管理子对象的命名选择集。

⊙ 按钮：单击该按钮将弹出"镜像"对话框，使用该对话框可以在镜像一个或多个对象的方向时，移动这些对象。"镜像"对话框还可以用于围绕当前坐标系中心镜像当前选择。使用"镜像"对话框可以同时创建克隆对象。

⊙ 按钮：弹出按钮提供了用于对齐对象的 6 种不同工具的访问。在对齐弹出按钮中单击按钮，然后选择对象，将弹出"对齐"对话框，使用该对话框可将当前选择与目标选择对齐。目标对象的名称将显示在"对齐"对话框的标题栏中。执行子对象对齐时，"对齐"对话框的标题栏会显示为对齐子对象当前选择；使用按钮可将当前选择的位置与目标对象的位置立即对齐；使用按钮弹出对话框，基于每个对象上面或选择的法线方向将两个对象对齐；使用，可将灯光或对象对齐到另一对象，以便可以精确定位其高光或反射；使用按钮，可以将摄影机与选定的面法线对齐；按钮可用于显示对齐到视图对话框，使用户可以将对象或子对象选择的局部轴与当前视口对齐。

⊙ 按钮：主工具栏上的按钮是可以创建和删除层的无模式

对话框。也可以查看和编辑场景中所有层的设置，以及与其相关联的对象。使用此对话框，可以指定光能传递解决方案中的名称、可见性、渲染性、颜色，以及对象和层的包含。

⊙ 📇（Graphite 建模工具）按钮：单击该按钮，可以打开或关闭 Graphite 建模工具。"Graphite 建模工具"代表一种用于编辑网格和多边形对象的新范例。它具有基于上下文的自定义界面，该界面提供了完全特定于建模任务的所有工具（且仅提供此类工具），且仅在用户需要相关参数时才提供对应的访问权限，从而最大限度地减少屏幕上的杂乱出现。

⊙ 📉【曲线编辑器（打开）】按钮：轨迹视图—曲线编辑器是一种轨迹视图模式，用于以图表上的功能曲线来表示运动。利用它，用户可以查看运动的插值和软件在关键帧之间创建的对象变换。使用曲线上找到的关键点的切线控制柄，可以轻松查看和控制场景中各个对象的运动和动画效果。

⊙ 🗒【图解视图（打开）】按钮：图解视图是基于节点的场景图，通过它可以访问对象属性、材质、控制器、修改器、层次和不可见场景关系，如关联参数和实例。

⊙ 📦（材质编辑器）按钮：提供创建和编辑对象材质，以及贴图的功能。

⊙ 📋（渲染设置）按钮：渲染场景对话框具有多个面板，面板的数量和名称因活动渲染器而异。

⊙ 📷（渲染帧窗口）按钮：显示渲染输出。

⊙ 🖼（快速渲染）按钮：该按钮可以使用当前产品级渲染设置来渲染场景，而无需显示"渲染场景"对话框。

1.3.4 工作视图区

工作区中共有 4 个视图。在 3ds Max 中，视图（也叫视口）显示区位于窗口的中间，占据了大部分的窗口界面，是 3ds Max 的主要工作区。通过视图，可以从任何不同的角度来观看所建立的场景。在默认状态下，系统在 4 个视窗中分别显示了"顶"视图、"前"视图、"左"视图和"透视"视图 4 个视图（又称场景）。其中"顶"视图、"前"视图和"左"视图相当于物体在相应方向的平面投影，或沿 X、Y、Z 轴所看到的场景，而"透视"视图则是从某个角度所看到的场景，如图 1-6 所示。因此，"顶"视图、"前"视图等又被称为正交视图。在正交视图中，系统仅显示物体的平面投

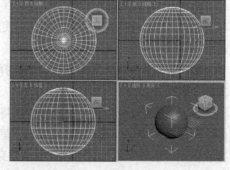

图 1-6

影形状，而在"透视"视图中，系统不仅显示物体的立体形状，而且显示了物体的颜色，所以，正交视图通常用于物体的创建和编辑，而"透视"视图则用于观察效果。

三色世界空间三轴架显示在每个视口的左下角。世界空间 3 个轴的颜色分别为：X 轴为红色，Y 轴为绿色，Z 轴为蓝色。轴使用同样颜色的标签。三轴架通常指世界空间，而无论当前是什么参考坐标系。

ViewCube 3D 导航控件提供了视图当前方向的视觉反馈，让用户可以调整视图方向，以及在标准视图与等距视图间进行切换。

ViewCube 显示时，默认情况下会显示在活动视口的右上角，如果处于非活动状态，则会叠加在场景之上。它不会显示在摄影机、灯光、图形视口或者其他类型的视图中。当 ViewCube 处

于非活动状态时，其主要功能是根据模型的北向显示场景方向。

当用户将光标置于 ViewCube 上方时，它将变成活动状态。单击鼠标左键，用户可以切换到一种可用的预设视图中、旋转当前视图或者更换到模型的"主栅格"视图中。右击可以打开具有其他选项的上下文菜单。

1.3.5 命令面板区

命令面板是 3ds Max 的核心部分，默认状态下位于整个窗口界面的右侧。命令面板由 6 个用户界面面板组成，使用这些面板可以访问 3ds Max 的大多数建模功能，以及一些动画功能、显示选择和其他工具。每次只有一个面板可见，在默认状态下打开的是  （创建）面板，如图 1-7 所示。

图 1-7

要显示其他面板，只需单击命令面板顶部的选项卡即可切换至不同的命令面板，从左至右依次为 （创建）、 （修改）、 （层次）、 （运动）、 （显示）和 （工具）。

面板上标有"＋（加号）"或"－（减号）"按钮的即是卷展栏。卷展栏的标题左侧带有"＋（加号）"表示卷展栏卷起，有"－（减号）"表示卷展栏展开，通过单击"＋（加号）"或"－（减号）"可以在卷起和展开卷展栏之间切换。

建模中常用的命令面板介绍如下。

（1） （创建）面板：是 3ds Max 最常用到的面板之一，利用 （创建）面板可以创建各种模型对象，它是命令级数最多的面板。

 （创建）面板中的 7 个按钮代表了 7 种可创建的对象，介绍如下。

⊙ （几何体）按钮：可以创建标准几何体、扩展几何体、合成造型、粒子系统和动力学物体等。

⊙ （图形）按钮：可以创建二维图形，可沿某个路径放样生成三维造型。

⊙ （灯光）按钮：创建泛光灯、聚光灯和平行灯等各种灯，模拟现实中各种灯光的效果。

⊙ （摄影机）按钮：创建目标摄影机或自由摄影机。

⊙ （辅助对象）按钮：创建起辅助作用的特殊物体。

⊙ （空间扭曲）按钮：创建空间扭曲以模拟风、引力等特殊效果。

⊙ （系统）按钮：可以生成骨骼等特殊物体。

单击其中的一个按钮，可以显示相应的子面板。在可创建对象按钮的下方是创建的模型分类下拉列表框 标准基本体 ，单击右侧的 箭头，可从弹出的下拉列表中选择要创建的模型类别。

（2） （修改）面板：用于在一个物体创建完成后，如果要对其进行修改，即可单击 （修改）按钮，打开修改面板。 （修改）面板可以修改对象的参数、应用编辑修改器，以及访问编辑修改器堆栈。通过该面板，用户可以实现模型的各种变形效果，如拉伸、变曲、扭转等。

（3） （层次）面板：通过该面板可以访问用来调整对象间层次链接的工具。通过将一个对象与另一个对象相链接，可以创建父子关系。应用到父对象的变换同时将传递给子对象。通过将多个对象同时链接到父对象和子对象，可以创建复杂的层次。

（4） （运动）面板：提供用于调整选定对象运动的工具。例如，可以使用 （运动）面板上的工具调整关键点时间及其缓入和缓出。◎（运动）面板还提供了轨迹视图的替代选项，用来指定动画控制器。

（5）回（显示）面板：主要用于设置显示和隐藏，冻结和解冻场景中的对象，还可以改变对象的显示特性，加速视图显示，简化建模步骤。在命令面板中单击显示回（显示）按钮，即可打开回（显示）面板。

（6）✎（工具）面板：使用该面板可以访问各种工具程序。3ds Max 工具作为插件提供，一些工具由第三方开发商提供，因此，3ds Max 的设置可能包含在此处未加以说明的工具。

1.3.6　视图控制区

视图调节工具位于 3ds Max 界面的右下角，图 1-8 所示为标准的 3ds Max 视图调节工具，根据当前激活视图的类型，视图调节工具会略有不同。当选择一个视图调节工具时，该按钮呈黄色显示，表示对当前激活视图窗口来说该按钮是激活的，在激活窗口中右击鼠标关闭该按钮。

右下角有小三角的按钮包含隐藏按钮，如需使用隐藏按钮，鼠标左键点击按钮并按住不放会弹出的隐藏按钮栏，将鼠标光标拖曳至需要选择的按钮上并释放鼠标左键即可选择该按钮。视图控制区（见图 1-9）中的各选项功能介绍如下。

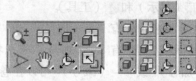

图 1-8　　　图 1-9

◎ ⊞（缩放）按钮：单击该按钮，在任意视图中按住鼠标左键不放，上下拖动鼠标，可以拉近或推远场景。

◎ ⊞（缩放所有视图）按钮：用法同⊞（缩放）按钮基本相同，只不过该按钮影响的是当前所有可见视图。

◎ 🔲（最大化显示选定对象）按钮：最大化显示选定对象将选定对象或对象集在活动透视或正交视口中居中显示。当要浏览的小对象在复杂场景中丢失时，该控件非常有用。

◎ 🔲（最大化显示）按钮：最大化显示将所有可见的对象在活动透视或正交视口中居中显示。当在单个视口中查看场景的每个对象时，这个控件非常有用。

◎ ⊞（所有视图最大化显示）按钮：所有视图最大化显示将所有可见对象在所有视口中居中显示。当希望在每个可用视口的场景中看到各个对象时，该控件非常有用。

◎ ⊞（所有视图最大化显示选定对象）按钮：所有视图最大化显示选定对象将选定对象或对象集在所有视口中居中显示。当要浏览的小对象在复杂场景中丢失时，该控件非常有用。

◎ 🔍（缩放区域）按钮：使用该按钮可放大在视口内拖动的矩形区域。仅当活动视口是正交、透视或用户三向投影视图时，该控件才可用。该控件不可用于摄影机视口。

◎ >（视野）按钮：调整视口中可见的场景数量和透视张角量。更改视野与更改摄影机上的镜头的效果相似。视野越大，就可以看到更多的场景，而透视会扭曲，这与使用广角镜头相似。视野越小，看到的场景就越少，而透视会展平，这与使用长焦镜头类似。

◎ ✋（平移视图）按钮：在任意视图中拖动鼠标，可以移动视图窗口。

◎ 🔄（选定的环绕）按钮：将当前选择的中心用做旋转的中心。当视图围绕其中心旋转时，选定对象将保持在视口中的同一位置上。

◎ 🔄（环绕）按钮：将视图中心用做旋转中心。如果对象靠近视口的边缘，它们可能会旋出视图范围。

⊙ （环绕子对象）按钮：将当前选定子对象的中心用做旋转的中心。当视图围绕其中心旋转时，当前选择将保持在视口中的同一位置上。

⊙ （最大化视口切换）按钮：单击该按钮，当前视图将全屏显示，便于对场景进行精细编辑操作。再次单击该按钮，可恢复原来的状态，其快捷键为 Alt+W。

1.3.7　状态栏及提示行

状态栏和提示行位于视图区的下部偏左。状态栏显示了所选对象的数目、对象的锁定、当前鼠标的坐标位置，以及当前使用的栅格距等。提示行显示了当前使用工具的提示文字，如图 1-10 所示。

1.3.8　动画控制区

动画控制区位于屏幕的下方，包括动画控制区、时间滑块和轨迹条。主要用于在制作动画时，进行动画的记录、动画帧的选择、动画的播放、以及动画时间的控制等，图 1-11 所示为动画控制区。

图 1-10　　　　　　　　图 1-11

⊙ 自动关键点：“自动关键点”按钮切换称为“自动关键点”的关键帧模式。启用“自动关键点”后，对对象位置、旋转和缩放所做的更改都会自动设置成关键帧（记录）。禁用“自动关键点”后，这些更改将应用到第 0 帧。

⊙ 设置关键点：切换“设置关键点”模式。

⊙ ：单击此按钮以在选择集的每个轨迹上设置关键点。它检查轨迹是否可设置关键点，并检查“关键点过滤器”是否可以设置轨迹的关键点。如果这两个条件都满足，则设置关键点。当“自动关键点”和“设置关键点”都未启用时“设置关键点”也可以在“自动关键点”模式和“布局”模式下设置关键点。

⊙ 关键点过滤器…：打开“设置关键点过滤器”对话框，在其中可以指定使用“设置关键点”时创建关键点所在的轨迹。

⊙ （转到开头）按钮：单击该按钮可以将时间滑块移动到活动时间段的第一帧。

⊙ （上一帧）按钮：将时间滑块向前移动一帧。

⊙ （播放动画）按钮：播放按钮用于在活动视口中播放动画。

⊙ （下一帧）按钮：可将时间滑块向后移动一帧。

⊙ （转至结尾）按钮：将时间滑块移动到活动时间段的最后一帧。

⊙ （关键点模式切换）按钮：使用关键点模式可以在动画中的关键帧之间直接跳转。

⊙ （时间配置）按钮：单击该按钮，弹出时间配置对话框，提供了帧速率、时间显示、播放和动画的设置，如图 1-12 所示。

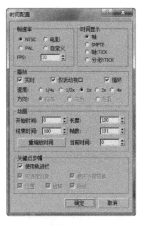

图 1-12

第2章

基本物体建模

3ds Max 主要是利用软件提供的各种几何体建立基本的结构，再对它们进行适当地修改，完成基础模型的搭建。本章主要讲解了基本物体建模的方法和技巧，通过本章内容的学习，读者可以设计制作出简单的三维模型。

课堂学习目标

● 掌握标准基本体的创建和修改方法

● 掌握扩展基本体的创建和修改方法

● 掌握建筑构建建模的方法

2.1 标准基本体的创建

三维模型中最简单的模型是"标准几何体"和"扩展基本体"的创建。在 3ds Max 中用户可以使用单个基本对象对很多现实中的对象建模。还可以将"标准几何体"结合到复杂的对象中，并使用修改器进一步地细化。

2.1.1 创建长方体

长方体是最基础的标准几何物体，用于制作正六面体或长方体。下面就来介绍长方体的创建方法及其参数的设置和修改。

创建长方体有两种方法：一种是立方体创建方法，另一种是长方体创建方法，如图 2-1 所示。

图 2-1

- ⊙ 立方体创建方法：以正方体方式创建，操作简单，但只限于创建正方体。
- ⊙ 长方体创建方法：以长方体方式创建，是系统默认的创建方法，用法比较灵活。

长方体的创建方法比较简单，也比较典型，是学习创建其他几何体的基础。

（1）单击" （创建）> （几何体）> 长方体"按钮， 长方体 表示该创建命令被激活。

（2）移动光标到适当的位置，单击并按住鼠标左键不放拖曳光标，视图中生成一个方形平面，如图 2-2 所示，松开鼠标左键并上下移动光标，方体的高度会跟随光标的移动而增减，在合适的位置单击鼠标左键，长方体创建完成，如图 2-3 所示。

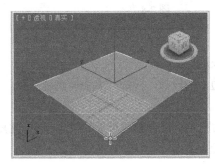
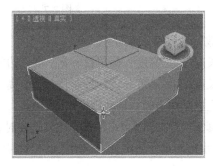

图 2-2 图 2-3

单击长方体将其选中，切换到 （修改）命令面板，在修改命令面板中会显示长方体的参数，如图 2-4 所示。

"名称和颜色"，用于显示长方体的名称和颜色，如图 2-5 所示。在 3ds Max 9 中创建的所有几何体都有此项参数，用于给物体指定名称和颜色便于以后选取和修改。单击右边的颜色框，弹出"对象颜色"对话框，如图 2-6 所示。此窗口用于设置几何体的颜色，单击颜色块选择合适的颜色后，单击"确定"按钮，完成设置，单击"取消"按钮，则取消颜色设置。单击"添加自定义颜色"按钮，可以自定义颜色。

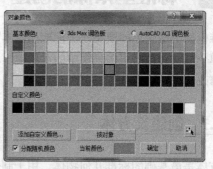

图 2-4 　　　　　　 图 2-5 　　　　　　　　　　 图 2-6

键盘建模方式，如图 2-7 所示，对于简单的基本建模使用键盘创建方式比较方便，直接在面板中输入几何体的创建参数，然后单击"创建"按钮，视图中会自动生成该几何体。如果创建较为复杂的模型，建议使用手动方式建模。

"参数"卷展栏，用于调整物体的体积、形状以及表面的光滑度，如图 2-8 所示。在参数的数值框中可以直接输入数值进行设置，也可以利用数值框旁边的微调器进行调整。

图 2-7 　　　　　　　　　　 图 2-8

"参数"卷展栏介绍如下。

⊙ 长度/宽度/高度：确定长、宽、高三边的长度。

⊙ 长度/宽度/高度分段：控制长、宽、高三边上的段数，段数越多表面就越细腻。

⊙ 生成贴图坐标：自动指定贴图坐标。

⊙ 真实世界贴图大小：不选中此复选项时，贴图大小符合创建对象的尺寸；选中此复选项时，贴图大小由绝对尺寸决定，而与对象的相对尺寸无关。

注意　　　几何体的段数是控制几何体表面光滑程度的参数，段数越多，表面就越光滑。但要注意的是，并不是段数越多越好，应该在不影响几何体形体的前提下将段数降到最低。在进行复杂建模时，如果物体不必要的段数过多，会影响建模和后期渲染的速度。

2.1.2　创建球体

球体用于制作面状或光滑的球体，也可以制作局部球体，下面介绍球体的创建方法及其参数的设置和修改。

创建球体的方法也有如下两种：一种是边创建方法，另一种是中心创建方法，如图 2-9 所示。

⊙ 边创建方法：以边界为起点创建球体，在视图中以光标所单击的点作为球体的边界起点，随着光标的拖曳始终以该点作为球体的边界。

⊙ 中心创建方法：以中心为起点创建球体，系统将采用在视图中第一次单击鼠标的点作为球体的中心点，是系统默认的创建方式。

球体的创建方法非常简单，操作步骤如下。

（1）单击" （创建）> （几何体）> 球体"按钮。

（2）移动光标到适当的位置，单击并按住鼠标左键不放拖曳光标，在视图中生成一个球体，移动光标可以调整球体的大小，在适当位置松开鼠标左键，球体创建完成，如图 2-10 所示。

单击球体将其选中，切换到 （修改）命令面板，在修改命令面板中会显示"球体"的参数；如图 2-11 所示。

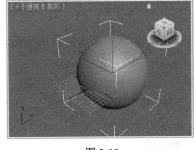

图 2-9　　　　　　　　　　图 2-10　　　　　　　　　图 2-11

"参数"卷展栏介绍如下。

⊙ 半径：设置球体的半径大小。

⊙ 分段：设置表面的段数，值越高，表面越光滑，造型也越复杂。

⊙ 平滑：是否对球体表面自动光滑处理（系统默认是开启的）。

⊙ 半球：用于创建半球或球体的一部分。其取值范围为 0 ~ 1。默认为 0.0，表示建立完整的球体，增加数值，球体被逐渐减去。值为 0.5 时，制作出半球体，值为 1.0 时，球体全部消失。

⊙ 切除/挤压：在进行半球系数调整时发挥作用。用于确定球体被切除后，原来的网格划分也随之切除或者仍保留但被挤入剩余的球体中。

2.1.3　创建圆柱体

圆柱体用于制作棱柱体、圆柱体、局部圆柱体，下面就来介绍圆柱体的创建方法以及参数的设置和修改。

圆柱体的创建方法与长方体基本相同，操作步骤如下。

（1）单击" （创建）> （几何体）> 圆柱体"按钮。

（2）将鼠标光标移到视图中，单击并按住鼠标左键不放拖曳光标，视图中出现一个圆形平面，在适当的位置松开鼠标左键并上下移动，圆柱体高度会跟随光标的移动而增减，在适当的位置单击鼠标左键，圆柱体创建完成，如图 2-12 所示。

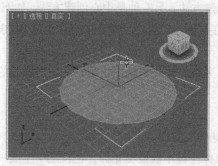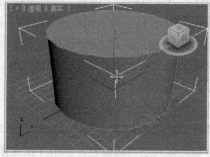

图 2-12

单击圆柱体将其选中，切换到 ![icon]（修改）命令面板，在修改命令面板中会显示圆柱体的参数。如图 2-13 所示。

"参数"卷展栏介绍如下。

⊙ 半径：设置底面和顶面的半径。

⊙ 高度：确定柱体的高度。

⊙ 高度分段：确定柱体在高度上的段数。如果要弯曲柱体，高度段数可以产生光滑的弯曲效果。

⊙ 端面分段：确定在柱体两个端面上沿半径方向的段数。

⊙ 边数：确定圆周上的片段划分数（即棱柱的边数），对于圆柱体，边数越多越光滑。其最小值为 3，此时圆柱体的截面为三角形。

图 2-13

其他参数请参见前面章节参数说明。

2.1.4 创建圆环

圆环用于制作立体圆环，下面就来介绍圆环的创建方法及其参数的设置和修改。

创建圆环的操作步骤如下。

（1）单击" ![icon] （创建）> ![icon] （几何体）> 圆环"按钮。

（2）将鼠标光标移到视图中，单击并按住鼠标左键不放拖曳光标，在视图中生成一个圆环，如图 2-14 所示，在适当的位置松开鼠标左键并上下移动光标，调整圆环的粗细，单击鼠标左键，圆环创建完成，如图 2-15 所示。

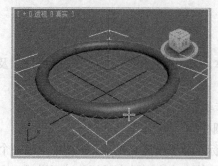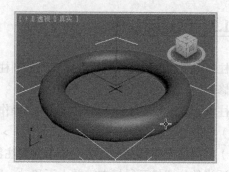

图 2-14   图 2-15

单击圆环将其选中，切换到 （修改）命令面板，在修改命令面板中会显示圆环的参数，如图 2-16 所示。

"参数"卷展栏介绍如下。

⊙ 半径 1：设置圆环中心与截面正多边形的中心距离。

⊙ 半径 2：设置截面正多边形的内径。

⊙ 旋转：设置片段截面沿圆环轴旋转的角度，如果进行扭曲设置或以不光滑表面着色，则可以看到它的效果。

⊙ 扭曲：设置每个截面扭曲的角度，并产生扭曲的表面。

⊙ 分段：确定沿圆周方向上片段被划分的数目。值越大，得到的圆环越光滑，最小值为 3。

图 2-16

⊙ 边数：确定圆环的边数。

⊙ 平滑选项组：设置光滑属性，将棱边光滑，有如下 4 种方式。全部：对所有表面进行光滑处理；侧面：对侧边进行光滑处理；无：不进行光滑处理；分段：光滑每一个独立的面。

其他参数请参见前面章节参数说明。

2.1.5 创建茶壶

茶壶用于建立标准的茶壶造型或者茶壶的一部分。下面就来介绍茶壶的创建方法及其参数的设置和修改。

茶壶的创建方法与球体相似，创建步骤如下。

（1）单击" （创建）> （几何体）> 茶壶"按钮。

（2）将鼠标光标移到视图中，单击并按住鼠标左键不放拖曳光标，视图中生成一个茶壶，上下移动光标调整茶壶的大小，在适当的位置松开鼠标左键，茶壶创建完成，如图 2-17 所示。

单击茶壶将其选中，切换到 （修改）命令面板，在修改命令面板中会显示茶壶的参数，如图 2-18 所示。茶壶的参数比较简单，利用参数的调整，可以把茶壶拆分成不同的部分。

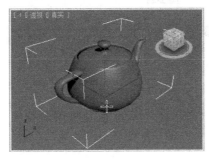

图 2-17

图 2-18

"参数"卷展栏介绍如下。

⊙ 半径：确定茶壶的大小。

⊙ 分段：确定茶壶表面的划分精度，值越大，表面越细腻。

⊙ 平滑：是否自动进行表面光滑处理。

⊙ 茶壶部件：设置各部分的取舍，分为壶体、壶把、壶嘴和壶盖 4 部分。

其他参数请参见前面章节参数说明。

2.1.6　创建圆锥体

圆锥体用于制作圆锥、圆台、四棱锥和棱台以及它们的局部，下面就来介绍圆锥体的创建方法及其参数的设置和修改。

创建圆锥体同样有两种方法：一种是边创建方法，另一种是中心创建方法，如图 2-19 所示。

⊙ 边创建方法：以边界为起点创建圆锥体，在视图中以光标所单击的　　　　图 2-19

点作为圆锥体底面的边界起点，随着光标的拖曳始终以该点作为锥体的边界。

⊙ 中心创建方法：以中心为起点创建圆锥体，系统将采用在视图中第一次单击鼠标的点作为圆锥体底面的中心点，是系统默认的创建方式。

创建圆锥体的方法比长方体多一个步骤，操作步骤如下。

（1）单击"　　（创建）>　　（几何体）> 圆锥体"按钮。

（2）移动光标到适当的位置，单击并按住鼠标左键不放拖曳光标，视图中生成一个圆形平面，如图 2-20 所示，松开鼠标左键并上下移动，锥体的高度会跟随光标的移动而增减，如图 2-21 所示，在合适的位置单击鼠标左键，再次移动光标，调节顶端面的大小，单击鼠标左键完成创建，如图 2-22 所示。

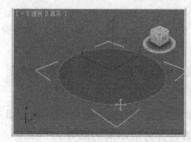 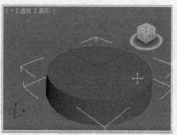 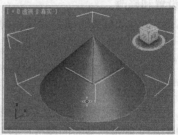

　　　　图 2-20　　　　　　　　　　　图 2-21　　　　　　　　　　　图 2-22

单击圆锥体将其选中，切换到　　（修改）命令面板，参数命令面板中会显示圆锥体的参数，如图 2-23 所示。

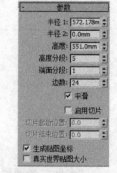

"参数"卷展栏介绍如下。

⊙ 半径 1：设置圆锥体底面的半径。

⊙ 半径 2：设置圆锥体顶面的半径（若半径 2 不为 0，则圆锥体变为圆台体）。

⊙ 高度：设置圆锥体的高度。

⊙ 高度分段：设置圆锥体在高度上的段数。

⊙ 端面分段：设置圆锥体在两端平面上底面和下底面上沿半径方向上的

　　　　　　　　　　　　　　　　　　　　　　　　　　　　　图 2-23

段数。

⊙ 边数：设置圆锥体端面圆周上的片段划分数。值越高，圆锥体越光滑，对四棱锥来说，边数决定它属于几四棱锥。

◎ 平滑：表示是否进行表面光滑处理。开启时，产生圆锥、圆台，关闭时，产生四棱锥、棱台。

◎ 启用切片：表示是否进行局部切片处理。

◎ 切片起始位置：确定切除部分的起始幅度。

◎ 切片结束位置：确定切除部分的结束幅度。

2.1.7 创建管状体

管状体用于建立各种空心管状体物体，包括管状体、棱管以及局部管状体，下面就来介绍管状体的创建方法及其参数的设置和修改。

管状体的创建方法与其他几何体不同，操作步骤如下。

（1）单击" （创建）> （几何体）> 管状体"按钮。

（2）将鼠标光标移到视图中，单击并按住鼠标左键不放拖曳光标，视图中出现一个圆，在适当的位置松开鼠标左键并上下移动光标，会生成一个圆环形面片，单击鼠标左键然后上下移动光标，管状体的高度会随之增减，在合适的位置单击鼠标左键，管状体创建完成，如图 2-24 所示。

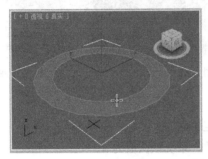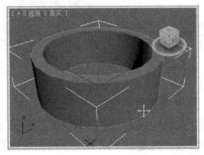

图 2-24

单击管状体将其选中，切换到 （修改）命令面板，在修改命令面板中会显示管状体的参数，如图 2-25 所示。

"参数"卷展栏介绍如下。

◎ 半径 1：确定管状体的内径大小。

◎ 半径 2：确定管状体的外径大小。

◎ 高度：确定管状体的高度。

◎ 高度分段：确定管状体高度方向的段数。

◎ 端面分段：确定管状体上下底面的段数。

◎ 边数：设置管状体侧边数的多少。值越大，管状体越光滑。对棱管来说，边数值决定其属于几棱管。

图 2-25

其他参数请参见前面章节参数说明。

2.1.8 创建平面

平面用于在场景中直接创建平面对象，可以用于建立如地面，场地等，使用起来非常方便，下面就来介绍平面的创建方法及其参数设置。

创建平面有两种方法：一种是矩形创建方法，另一种是正方形创建方法，如图 2-26 所示。

⊙ 矩形创建方法：分别确定两条边的长度，创建长方形平面。

⊙ 正方形创建方法：只需给出一条边的长度，创建正方形平面。

创建平面的方法和球体相似，操作步骤如下。

（1）单击" （创建）> （几何体）> 平面"按钮。

（2）将鼠标光标移到视图中，单击并按住鼠标左键不放拖曳光标，视图中生成一个平面，调整适当的大小后松开鼠标左键，平面创建完成，如图 2-27 所示。

单击平面将其选中，切换到 （修改）命令面板，在修改命令面板中会显示平面的参数，如图 2-28 所示。

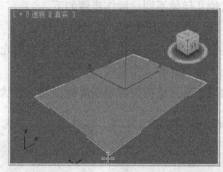
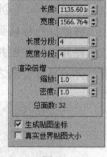

图 2-26　　　　　　　　　　　　　图 2-27　　　　　　　　　　　　图 2-28

"参数"卷展栏介绍如下。

⊙ 长度、宽度：确定平面的长、宽，以决定平面的大小。

⊙ 长度分段：确定沿平面长度方向的分段数，系统默认值为 4。

⊙ 宽度分段：确定沿平面宽度方向的分段数，系统默认值为 4。

⊙ 渲染倍增：只在渲染时起作用，可进行如下两项设置。缩放：渲染时平面的长和宽均以该尺寸比例倍数扩大；密度：渲染时平面的长和宽方向上的分段数均以该密度比例倍数扩大。

⊙ 总面数：显示平面对象全部的面片数。

2.1.9　课堂案例——制作木板凳

【案例学习目标】学习使用切角长方体制作木板凳模型。

【案例知识要点】本例介绍创建切角长方体，复制模型，并调整模型的位置，完成木板凳模型的制作，如图 2-29 所示。

【效果图文件所在的位置】随书附带光盘 Scene\cha02\木板凳.max。

图 2-29

（1）单击" （创建）> （几何体）> 扩展基本体 >切角长方体"按钮，在"顶"视图中创建切角长方体，在"参数"卷展栏中设置"长度"为 6、"宽度”为 150、“高度”为 6、“圆角”为 0.1、“圆角分段”为 2，如图 2-30 所示。

（2）按 Ctrl+V 键，对切角长方体进行复制，切换到 （修改）命令面板，在“参数”卷展栏中修改模型的“长度”为 6、“宽度”为 6、“高度”为 22、“圆角”为 0.1、“圆角分段”为 2，调整模型的位置作为板凳的腿，如图 2-31 所示。

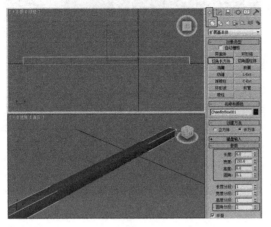
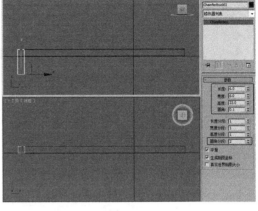

图 2-30　　　　　　　　　　　　　　　　　　图 2-31

注意　　复制模型的方法有很多种，一种是上面介绍的快捷键 Crtl+V 键复制；一种是通过菜单“编辑>克隆”命令；一种是使用移动、旋转、缩放等变形工具结合 Shift 键复制模型，这里根据自己的习惯使用复制方法。

（3）选择作为腿的切角长方体，在工具栏中选择 （选择并移动）工具，在“前”视图中按住 Shift 键，移动复制模型，在弹出对话框中选择“复制”选项，如图 2-32 所示，单击“确定”按钮。

（4）复制切角长方体，在“参数”卷展栏中设置“长度”为 6、“宽度”为 124、“高度”为 6、“圆角”为 0.1，如图 2-33 所示。

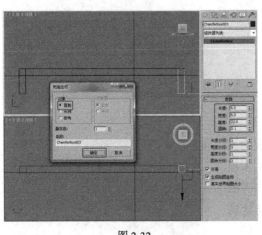
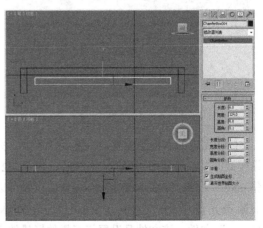

图 2-32　　　　　　　　　　　　　　　　　　图 2-33

（5）复制切角长方体，作为小木板凳的腿，在“参数”卷展栏中设置“长度”为 6、“宽度”

为 6、"高度"为 14、"圆角"为 0.1，如图 2-34 所示

（6）按 Ctrl+V 键，在弹出的对话框中可以选择"实例"选项，实例复制的模型，只要更改一个模型的参数，实例复制的模型参数也跟着改变，如图 2-35 所示。

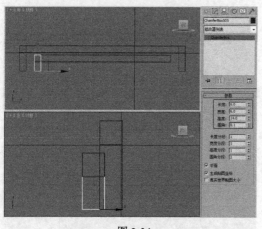
图 2-34

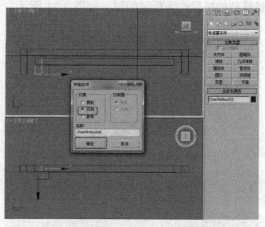
图 2-35

（7）调整复制出的模型到另一端作为另一个腿。在场景中选择作为大木板凳的模型，在"顶"视图中，按住 Shift 键移动复制模型，在弹出的对话框中设置"副本数"为 5，如图 2-36 所示，单击"确定"按钮。

（8）在场景中作为小木板凳的模型。按住 Shift 键移动复制模型，在弹出的对话框中设置"副本数"为 5，如图 2-37 所示，单击"确定"按钮。

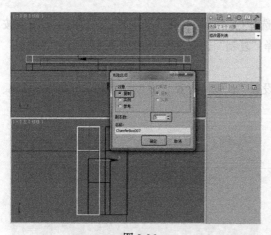
图 2-36

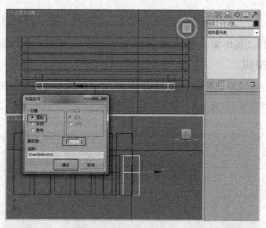
图 2-37

（9）完成的木板凳模型，如图 2-38 所示，完成的场景模型可以参考随书附带光盘"Scene > cha02 > 木板凳.max"文件。完成木板凳模型场景的设置可以参考随书附带光盘中的"Scene > cha02 > 制作木板凳场景.max"文件，该文件是设置好场景的场景效果文件，渲染该场景可以得到图 2-29 所示的效果。

图 2-38

2.2　扩展基本体的创建

上节详细讲述了标准基本体的创建方法及参数，如果想要制作一些带有倒角或特殊形状的物体它们就无能为力了，这时可以通过扩展基本体来完成。该类模型与标准基本体相比，其模型结构要复杂一些，它可以看作是对标准基本体的一个补充。

2.2.1　创建切角长方体

切角长方体用于直接产生带切角的立方体，下面介绍切角长方体的创建方法及其参数的设置。切角长方体具有圆角的特性，对切角长方体的创建方法进行介绍，操作步骤如下。

（1）单击" 创建）> （几何体）> 切角长方体"按钮。

（2）将鼠标光标移到视图中，单击并按住鼠标左键不放拖曳光标，视图中生成一个长方形平面，如图 2-39 所示，在适当的位置松开鼠标左键并上下移动光标，调整其高度，如图 2-40 所示。单击鼠标左键后再次上下移动光标，调整其圆角的系数，再次单击鼠标左键，切角长方体创建完成，如图 2-41 所示。

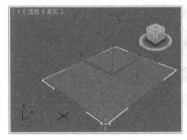

图 2-39　　　　　　　　　　图 2-40　　　　　　　　　　图 2-41

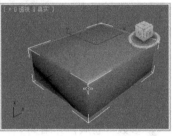

单击切角长方体将其选中，切换到 （修改）命令面板，在修改命令面板中会显示切角长方体的参数，如图 2-42 所示。

"参数"卷展栏介绍如下。

⊙　圆角：设置切角长方体的圆角半径，确定圆角的大小。

⊙　圆角分段：设置圆角的分段数，值越高，圆角越圆滑。

其他参数请参见前面章节参数说明。

图 2-42

2.2.2　创建切角圆柱体

切角圆柱体和切角长方体创建方法相同，两者都具有圆角的特性，下面对切角圆柱体的创建方法进行介绍，操作步骤如下。

（1）单击" （创建）> （几何体）> 切角圆柱体"按钮。

（2）将鼠标光标移到视图中，单击并按住鼠标左键不放拖曳光标，视图中生成一个圆形平面，如图 2-43 所示，在适当的位置松开鼠标左键并上下移动光标，调整其高度，如图 2-44 所示，单击鼠标左键后再次上下移动光标，调整其圆角的系数，再次单击鼠标左键，切角圆柱体创建完成，如图 2-45 所示。

单击切角圆柱体将其选中，切换到 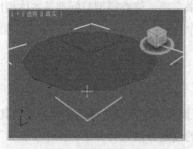（修改）命令面板，在修改命令面板中会显示"切角圆柱体"的参数，如图 2-46 所示，切角圆柱体的参数大部分都是相同的。

图 2-43

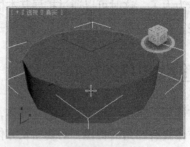

图 2-44

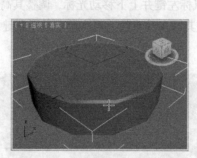

图 2-45

图 2-46

"参数"卷展栏介绍如下。

◉ 圆角：设置切角圆柱体的圆角半径，确定圆角的大小。

◉ 圆角分段：设置圆角的分段数，值越高，圆角越圆滑。

其他参数请参见前面章节参数说明。

2.2.3 课堂案例——制作圆茶几

【案例学习目标】学习使用切角圆柱体制作木板凳模型。

【案例知识要点】本例介绍创建切角圆柱体，复制模型，调整模型的参数，并调整模型的位置，圆茶几模型的制作，如图 2-47 所示。

【效果图文件所在的位置】随书附带光盘 Scene\cha02\圆茶几.max。

（1）单击"⚙（创建）> ◯（几何体）> 扩展基本体 > 切角圆柱体"按钮，在"顶"视图中创建切角圆柱体，在"参数"卷展栏中设置"半径"为 60、"高度"为 3、"圆角"为 0.5、"高度分段"为 1、"圆角分段"为 2、"边数"为 30，作为圆茶几的较大的玻璃面，如图 2-48 所示。

图 2-47

（2）按 Ctrl+V 键，在弹出的对话框中选择"复制"选项，复制切角圆柱体，切换到 （修改）命令面板，修改"半径"为 4、"高度"为 2、"圆角"为 0.5，如图 2-49 所示，在场景中调整模型的位置。

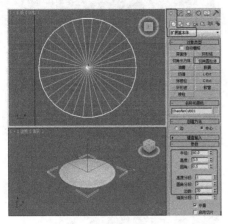

图 2-48　　　　　　　　　　　　　　　图 2-49

（3）选择切角圆柱体，按 Ctrl+V 键，继续复制切角圆柱体，并修改切角圆柱体的参数"半径"为 3、"高度"为 15、"圆角"为 0.2，调整模型的位置，如图 2-50 所示。

（4）复制切角圆柱体，调整模型的角度，设置模型的"半径"为 2、"高度"为-40、"圆角"为 0.5，并在场景中调整模型，如图 2-51 所示。

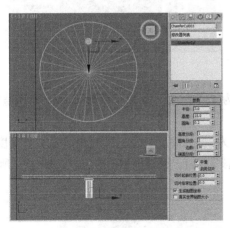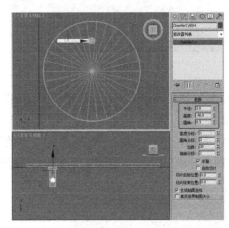

图 2-50　　　　　　　　　　　　　　　图 2-51

（5）对茶几较大的玻璃桌面进行复制，并在"参数"卷展栏中设置"半径"为 35、"高度"为 3、"圆角"为 0.5，调整模型的位置，如图 2-52 所示。

（6）复制切角圆柱体，修改模型的"半径"为 4、"高度"为 2、"圆角"为 0.5，调整模型的位置，如图 2-53 所示。

（7）复制切角圆柱体，修改模型的"半径"为 2.5、"高度"为 15、"圆角"为 0.2，调整模型的位置，如图 2-54 所示。

（8）复制切角圆柱体，修改模型的"半径"为 3、"高度"为-60、"圆角"为 0.2，调整模型的位置，如图 2-55 所示。

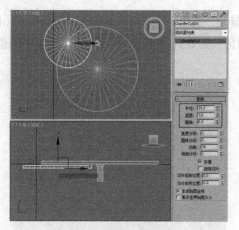

图 2-52

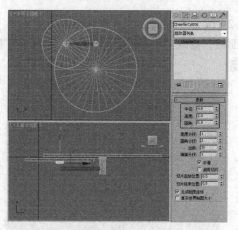

图 2-53

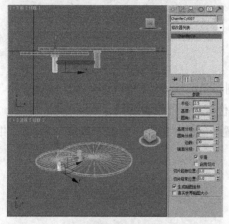

图 2-54

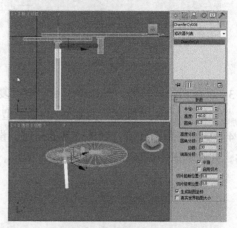

图 2-55

（9）复制切角圆柱体，修改模型的"半径"为4、"高度"为2、"圆角"为0.5，调整模型的位置，如图2-56所示。

（10）复制切角圆柱体，修改模型的"半径"为33、"高度"为3、"圆角"为1、"高度分段"为1、"圆角分段"为2、"边数"为30、"端面分段"为1，调整模型的位置，如图2-57所示。

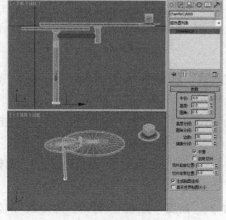

图 2-56

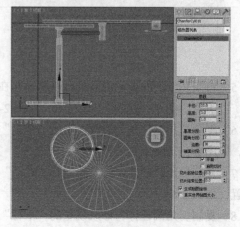

图 2-57

（11）完成的圆茶几模型，如图 2-58 所示，完成的场景模型可以参考随书附带光盘"Scene > cha02 > 圆茶几.max"文件。圆茶几模型场景效果的设置可以参考随书附带光盘中的"Scene > cha02 > 制作圆茶几场景.max"文件，该文件是设置好场景的场景效果文件，渲染该场景可以得到图 2-47 所示的效果。

图 2-58

2.3　建筑构建建模

3ds Max2012 中常用的快速建筑模型，在一些简单场景中使用可以提高效率，包括一些楼梯、窗户、门等建筑物体。

2.3.1　楼梯

运用建筑构建建模，可以创建 L 型楼梯、U 型楼梯、直线楼梯、螺旋楼梯等模型，如图 2-59 所示。

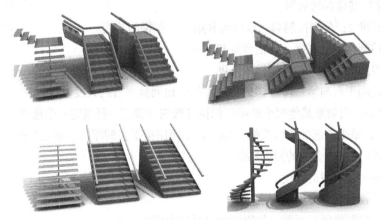

图 2-59

创建楼梯可以单击" ![] （创建）> ![] （几何体）"按钮，在下拉列表框中选择"楼梯"选项，可以看到 3ds Max 2012 提供了 4 种楼梯形式可供选择，如图 2-60 所示。

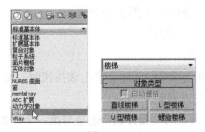

图 2-60

此时，单击任意一种楼梯按钮，如单击"螺旋楼梯"按钮，然后在顶视图中拖曳鼠标确定楼梯的"半径"数值，再松开鼠标，然后将鼠标向上或向下移动以确定出楼梯的总体高度数值，最后右击鼠标结束楼梯的创建。

楼梯的参数基本相同，下面以 L 型楼梯的参数作为介绍。

在场景中创建 L 型楼梯，单击 "L 型楼梯" 将其选中，切换到 （修改）命令面板，在修改命令面板中会显示 L 型楼梯的参数。

"参数" 卷展栏介绍如下（见图 2-61）。

类型：在该选项组中可以设置楼梯的类型。

◉ 开放式：创建一个开放式的梯级竖板楼梯。

◉ 封闭式：创建一个封闭式的梯级竖板楼梯。

◉ 落地式：创建一个带有封闭式梯级竖板和两侧有封闭式侧弦的楼梯。

生成几何体：从该组中设置楼梯的生成模型。

◉ 侧弦：沿着楼梯的梯级端点创建侧弦。

◉ 支撑梁：在梯级下创建一个倾斜的切口梁，该梁支撑台阶或添加楼梯侧弦之间的支撑。

◉ 扶手：创建左扶手和右扶手：左：创建左侧扶手；右：创建右侧扶手。

◉ 扶手路径：创建楼梯上用于安装栏杆的左路径和右路径。左：显示左侧扶手路径；右：显示右侧扶手路径。

布局：设置 L 型楼梯的效果。

图 2-61

◉ 长度 1/长度 2；分别控制第一段楼梯和第二段楼梯的长度。

◉ 宽度：控制楼梯的宽度，包括台阶和平台。

◉ 角度：控制平台与第二段楼梯的角度。

◉ 偏移：控制平台与第二段楼梯的距离，相应地调整平台的长度。

梯级：3ds Max 当调整其他两个选项时保持梯级选项锁定。要锁定一个选项，单击图钉按钮。要解除锁定选项，单击抬起的图钉按钮。3ds Max 使用按下去的图钉，锁定参数的微调器值，并允许使用抬起的图钉更改参数的微调器值。

◉ 总高：控制楼梯段的高度。

◉ 竖板高：控制梯级竖板的高度。

◉ 竖板数：控制梯级竖板数，梯级竖板总是比台阶多一个。

台阶：从中设置台阶的参数。

◉ 厚度：控制台阶的厚度。

◉ 深度：控制台阶的深度。

支撑梁卷展栏中的选项功能介绍，如图 2-62 所示：

◉ 深度：控制支撑梁离地面的深度。

◉ 深度：控制支撑梁的宽度。

◉ ▦ （支撑梁间距）：设置支撑梁的间距。单击该按钮时，将会弹出 "支撑梁间距" 对话框。使用 "计数" 选项指定所需的支撑梁数。

◉ 从地面开始：控制支撑梁是从地面开始，还是与第一个梯级竖板的开始平齐，或是否将支撑梁延伸到地面以下。

"栏杆" 卷展栏中的选项功能介绍，如图 2-63 所示：

◉ 高度：控制栏杆离台阶的高度。

◉ 偏移：控制栏杆离台阶端点的偏移。

◉ 分段：指定栏杆中的分段数目。该值越高，栏杆显示得越平滑。

◉ 半径：控制栏杆的厚度。

"侧弦"卷展栏中的选项功能介绍，如图 2-64 所示：

◉ 深度：控制侧弦离地板的深度。

◉ 宽度：控制侧弦的宽度。

◉ 偏移：控制地板与侧弦的垂直距离。

◉ 从地面开始：控制侧弦是从地面开始，还是与第一个梯级竖板的开始平齐，或是否将侧弦延伸到地面以下。

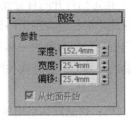

图 2-62　　　　　　　图 2-63　　　　　　　图 2-64

2.3.2　门

用建筑构建建模，可以制作枢纽门、推拉门、折叠门等模型，效果如图 2-65 所示。

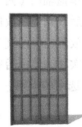

图 2-65

门的参数基本相同，下面以数轴门为例，介绍门的参数。

"门"的创建步骤如下。

（1）在"对象类型"卷展栏上，单击用于要创建的门类型的按钮。

（2）根据需要选择选项，例如更改默认创建方法。取消勾选"创建门框"选项可消除门框。如果需要上倾门，则要启用"允许侧柱倾斜"。

（3）在视口中拖动鼠标可创建前两个点，用于定义门的宽度和门脚的角度。

（4）释放鼠标并移动可调整门的深度（默认创建方法），然后单击可完成设置。默认情况下，深度与前两个点之间的直线垂直，与活动栅格平行。

（5）移动鼠标以调整高度，然后单击鼠标左键以完成设置。高度与由前三个点定义的平面垂直，并且与活动栅格垂直。

（6）修改参数。可以在"参数"卷展栏上调整"高度"、"宽度"和"深度"值。在"创建方法"卷展栏上，可以将创建顺序从"宽度/深度/高度"更改为"宽度/高度/深度"。

创建枢轴门后，单击"枢轴门"将其选中，切换到 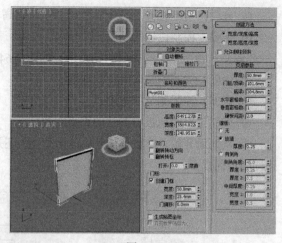（修改）命令面板，在修改命令面板中会显示枢轴门的参数，如图 2-66 所示。

"参数"卷展栏中的选项功能介绍如下。

◉ 双门：制作一个双门。

◉ 翻转转动方向：更改门转动的方向。

◉ 翻转转枢：在与门面相对的位置上放置转枢。此项不可用于双门。

◉ 打开：指定门打开的百分比。

◉ 门框：此卷展栏包含用于门侧柱门框的控件。虽然门框只是门对象的一部分，但它的行为就像是墙的一部分。打开或关闭门时，门框不会移动。

图 2-66

◉ 创建门框：这是默认启用的，以显示门框。禁用此复选框可以禁用门框的显示。

◉ 宽度：设置门框与墙平行的宽度。仅当启用了"创建门框"复选框时可用。

◉ 深度：设置门框从墙投影的深度。仅当启用了"创建门框"复选框时可用。

◉ 门偏移：设置门相对于门框的位置。

"创建方法"卷展栏中的选项功能介绍如下。

◉ 宽度/深度/高度：前两个点定义门的宽度和门脚的角度。通过在视口中拖动来设置这些点。第一个点（在拖动之前单击并按住的点）定义单枢轴门（两个侧柱在双门上都有铰链，而推拉门没有铰链）的铰链上的点。第二个点（在拖动后在其上释放鼠标按键的点）定义门的宽度及从一个侧柱到另一个侧柱的方向。这样，就可以在放置门时使其与墙或开口对齐。第三个点（移动鼠标后单击的点）指定门的深度，第四个点（再次移动鼠标后单击的点）指定高度。

◉ 宽度/高度/深度：与"宽度/深度/高度"选项的作用方式相似，只是最后两个点首先创建高度，然后创建深度。

◉ 允许侧柱倾斜：允许创建倾斜门。

"页扇参数"卷展栏中的选项功能介绍如下。

◉ 厚度：设置门的厚度。

◉ 门挺/顶梁：设置顶部和两侧的面板框的宽度。仅当门是面板类型时，才会显示此设置。

◉ 底梁：设置门脚处的面板框的宽度。仅当门是面板类型时，才会显示此设置。

◉ 水平窗格数：设置面板沿水平轴划分的数量。

◉ 垂直窗格数：设置面板沿垂直轴划分的数量。

◉ 镶板间距：设置面板之间的间隔宽度。

◉ 镶板：确定在门中创建面板的方式。

◉ 无：门没有面板。

◉ 玻璃：创建不带倒角的玻璃面板。

◉ 厚度：设置玻璃面板的厚度。

◉ 倒角厚度：选择此选项可以具有倒角面板。

◉ 厚度 1：设置面板的外部厚度。

⊙ 厚度 2：设置倒角从该处开始的厚度。

⊙ 中间厚度：设置面板内面部分的厚度。

⊙ 宽度 1：设置倒角从该处开始的宽度。

⊙ 宽度 2：设置面板的内面部分的宽度。

2.3.3　窗

运用建筑构建建模，可以快速创建各种窗户模型。其有一到两扇像门一样的窗框，它们可以向内或向外转动；旋开窗的轴垂直或水平位于其窗框的中心；伸出式窗有 3 扇窗框，其中两扇窗框打开时像反向的遮篷；推拉窗有两扇窗框，其中一扇窗框可以沿着垂直或水平方向滑动；固定式窗户不能打开；遮篷式窗户有一扇通过铰链与顶部的窗框相连，如图 2-67 所示窗户模型效果。

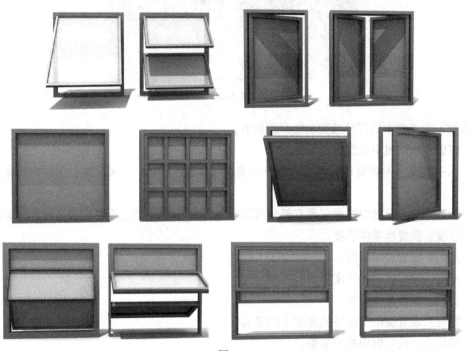

图 2-67

窗户的参数也大致相同，下面以遮篷式窗为例，介绍窗户的参数。

"窗"的创建步骤如下。

（1）在"对象类型"卷展栏中，单击要用于创建窗类型的按钮。

（2）根据需要选择选项，例如更改默认创建方法。如果需要倾斜窗，需勾选"允许侧柱倾斜"选项。

（3）在视口中拖动鼠标以创建前两个点，用于定义窗底座的宽度和角度。

（4）释放鼠标按钮并移动以调整窗的深度（默认创建方法），然后单击进行设置。默认情况下，深度与前两个点之间的直线垂直，与活动栅格平行。

（5）移动鼠标以调整高度，然后单击以完成设置。高度与由前三个点定义的平面垂直，并且与活动栅格垂直。

（6）修改参数。可以在"参数"卷展栏上调整"高度"、"宽度"和"深度"值。在"创建方法"卷展栏上，可以将创建顺序从"宽度/深度/高度"更改为"宽度/高度/深度"。

在"顶"视图中单击并拖动鼠标，创建遮篷式窗的宽度和深度，松开并移动鼠标创建遮篷式窗的高度，单击完成遮篷式窗的创建，创建遮篷式窗后，单击"遮篷式窗"将其选中，切换到 （修改）命令面板，在修改命令面板中会显示遮篷式窗的参数，如图 2-68 所示。

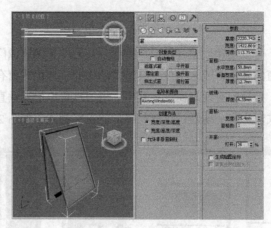

图 2-68

"参数"卷展栏中的部分选项功能介绍如下。

⊙ 窗框：从该组中设置窗框属性。

⊙ 水平宽度：设置窗口框架水平部分的宽度（顶部和底部）。该设置也会影响窗宽度的玻璃部分。

⊙ 垂直宽度：设置窗口框架垂直部分的宽度（两侧）。该设置也会影响窗高度的玻璃部分。

⊙ 厚度：设置框架的厚度。

⊙ 玻璃：设置玻璃属性。

⊙ 厚度：设置玻璃的厚度。

⊙ 窗格：设置窗格属性。

⊙ 宽度：设置窗框中窗格的宽度（深度）。

⊙ 窗格数：设置窗中的窗框数。

⊙ 开窗：设置开窗属性。

⊙ 打开：指定窗打开的百分比。此控件可设置动画。

2.3.4　墙

墙对象由 3 个子对象类型构成，这些对象类型可以在 （修改）命令面板中进行修改。与编辑样条线的方式类似，同样也可以编辑墙对象、其顶点、其分段和其轮廓。

墙的创建步骤如下。

（1）单击" （创建）> （几何体）> AEC 扩展>墙"按钮，在"参数"卷展栏中设置"宽度"和"高度"参数，在"顶"视图中，使用顶点捕捉创建外围的墙体，单击鼠标左键创建第一点、第二点，鼠标右击创建一段墙体，如图 2-69 所示。

（2）切换到 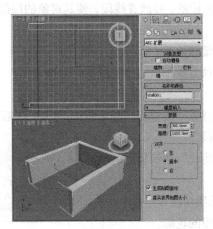（修改）命令面板，将选择集定义为"顶点"，可以在场景中调整顶点，如图2-70所示。

图 2-69

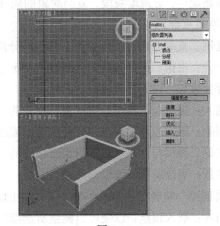

图 2-70

单击墙将其选中，切换到 （修改）命令面板，在修改命令面板中会显示墙的参数。

"参数"卷展栏中的选项功能介绍如下。

⊙ 宽度：设置墙的厚度。

⊙ 高度：设置墙的高度。

⊙ 对齐：设置基墙的对齐属性。

⊙ 左：根据墙基线（墙的前边与后边之间的线，即墙的厚度）的左侧边对齐墙。

⊙ 居中：根据墙基线的中心对齐。

⊙ 右：根据墙基线的右侧边对齐。

"编辑对象"卷展栏中的选项功能介绍如下。

⊙ 附加：将视口中的另一个墙附加到通过单次拾取选定的墙。附加的对象也必须是墙。

⊙ 附加多个：将视口中的其他墙附加到所选墙。单击此按钮可以弹出"附加多个"对话框，在该对话框中列出了场景中的所有其他墙对象。

"墙"修改器面板中的选择集功能介绍如下。

⊙ 顶点：可以通过顶点调整墙体的形状。

⊙ 分段：可以通过分段选择集对墙体进行编辑。

⊙ 剖面：可以以剖面的方式对墙体进行编辑。

"编辑顶点"卷展栏（如图 2-71 所示）中的选项功能介绍如下。

⊙ 连接：用于连接任意两个顶点，在这两个顶点之间创建新的样条线线段。

⊙ 断块：用于在共享顶点断开线段的连接。

⊙ 优化：向沿着用户单击的墙线段的位置添加顶点。

⊙ 插入：插入一个或多个顶点，以创建其他线段。

⊙ 删除：删除当前选定的一个或多个顶点，包括这些顶点之间的任何线段。

"编辑分段"卷展栏（如图 2-72 所示）中的选项功能介绍如下。

⊙ 断开：指定墙线段中的断开点。

图 2-71

图 2-72

⊙ 分离：分离选择的墙线段，并利用它们创建一个新的墙对象。

⊙ 相同图形：分离墙对象，使它们不在同一个墙对象中。

⊙ 重新定位：分离墙线段，复制对象的局部坐标系，并放置线段，使其对象的局部坐标系与世界空间原点重合。

⊙ 复制：复制分离墙线段，而不是移动分离墙线段。

⊙ 拆分：根据"拆分参数"微调器中指定的顶点数细分每个线段。

⊙ 拆分参数：设置拆分线段的数量。

⊙ 插入：提供与"顶点"选择集选择中的"插入"按钮相同的功能。

⊙ 删除：删除当前墙对象中任何选定的墙线段。

⊙ 优化：提供与"顶点"子对象层级中的"优化"按钮相同的功能。

⊙ 参数：更改所选择线段的参数。

"编辑剖面"卷展栏（如图 2-73 所示）中的选项功能介绍如下。

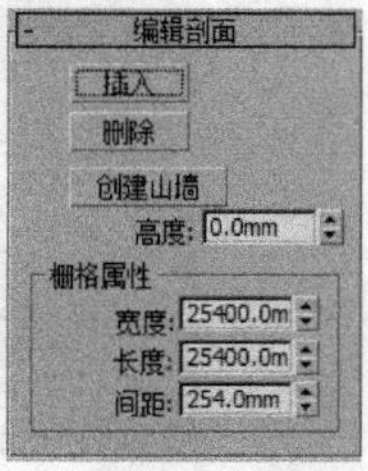

⊙ 插入：插入顶点，以便可以调整所选墙线段的轮廓。

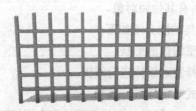

图 2-73

⊙ 删除：删除所选墙线段的轮廓上的所选顶点。

⊙ 创建山墙：通过将所选墙线段的顶部轮廓的中心点移至用户指定的高度，来创建山墙。

⊙ 高度：指定山墙的高度。

⊙ 栅格属性：栅格可以将轮廓点的插入和移动限制在墙平面以内，并允许用户将栅格点放置到墙平面中。

⊙ 宽度：设置活动栅格的宽度。

⊙ 长度：设置活动栅格的长度。

⊙ 间距：设置活动网格中的最小方形的大小。

2.3.5　栏杆

栏杆对象的组件包括栏杆、立柱和栅栏。具体的效果表现如图 2-74 所示。

图 2-74

栏杆的创建步骤如下。

（1）单击"　（创建）>　（几何体）>AEC 扩展 > 栏杆"按钮，如图 2-75 所示。

（2）在"顶"视图中单击并拖动鼠标创建栏杆的高度，单击并移动鼠标创建栏杆的高度，再次单击完成创建，如图 2-76 所示。

（3）在栏杆的卷展栏中设置栏杆的参数，以达到自己满意的效果。

单击"栏杆"将其选中，切换到　（修改）命令面板，在修改命令面板中会显示栏杆的参数。

"栏杆"卷展栏（如图 2-77 所示）中的部分选项功能介绍如下。

图 2-75　　　　　　　　　　　图 2-76　　　　　　　　　　　图 2-77

拾取栏杆路径：单击该按钮，然后单击视口中的样条线，将其用做栏杆路径。

⊙ 分段：设置栏杆对象的分段数。只有使用栏杆路径时，才能使用该选项。

⊙ 匹配拐角：在栏杆中放置拐角，以便与栏杆路径的拐角相符。

⊙ 长度：设置栏杆对象的长度。拖动鼠标时，长度将会显示在编辑框中。

上围栏：默认值可以生成上栏杆组件。

⊙ 剖面：设置上栏杆的横截面形状。

⊙ 深度：设置上栏杆的深度。

⊙ 宽度：设置上栏杆的宽度。

⊙ 高度：设置上栏杆的高度。

下围栏：控制下栏杆的剖面、深度和宽度，以及其间的间隔。

⊙ 剖面：设置下栏杆的横截面形状。

⊙ 深度：设置下栏杆的深度。

⊙ 宽度：设置下栏杆的宽度。

"栅栏"卷展栏中的选项功能介绍如下：

⊙ 类型：设置立柱之间的栅栏类型，包括无、支柱和实体填充。

⊙ 支柱：控制支柱的剖面、深度和宽度，以及其间的间隔。

⊙ 剖面：设置支柱的横截面形状。

⊙ 深度：设置支柱的深度。

⊙ 宽度：设置支柱的宽度。

⊙ 延长：设置支柱在上栏杆底部的延长。

⊙ 底部偏移：设置支柱与栏杆对象底部的偏移量。

⊙ ▦（支柱间距）：设置支柱的间距。单击该按钮时，将会弹出"支柱间距"对话框。使用"计数"选项指定所需的支柱数。

　⊙ 实体填充：控制立柱之间实体填充的厚度和偏移量。只有将"类型"设置为"实体填充"时，才能使用该选项。

　⊙ 厚度：设置实体填充的厚度。

　⊙ 顶部偏移：设置实体填充与上栏杆底部的偏移量。

- 底部偏移：设置实体填充与栏杆对象底部的偏移量。
- 左偏移：设置实体填充与相邻左侧立柱之间的偏移量。
- 右偏移：设置实体填充与相邻右侧立柱之间的偏移量。

"立柱"卷展栏中的选项功能介绍如下。

- 剖面：设置立柱的横截面形状，包括无、方形和圆。
- 深度：设置立柱的深度。
- 宽度：设置立柱的宽度。
- 延长：设置立柱在上栏杆底部的延长。

2.3.6 创建植物

植物可产生各种植物对象，如树种。3ds Max 将生成网格表示方法，以快速、有效地创建漂亮的植物。具体的效果表现如图 2-78 所示。

植物的创建步骤如下。

（1）首先单击"　（创建）> 　（几何体）> AEC 扩展 > 植物"按钮，如图 2-79 所示。

（2）在"收藏的植物"卷展栏中选择一种要创建的植物，在"顶"视图中单击鼠标即可创建植物，如图 2-80 所示。

图 2-78

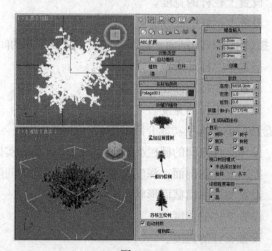

图 2-79　　　　　　　　　　图 2-80

单击"植物"将其选中，切换到　（修改）命令面板，在修改命令面板中会显示植物的参数。

"收藏的植物"卷展栏中的选项功能介绍如下。

- 植物列表：调色板显示当前从植物库载入的植物。
- 自动材质：为植物指定默认材质。

注意　　如果为场景中创建的植物修改材质，可以使用材质编辑器，为植物设置材质后并指定材质，在后面的章节中将会对材质编辑器进行详细的讲解，这里就不详细介绍了。

⊙ 植物库：单击此按钮，弹出"配制调色板"对话框，如图 2-81 所示。使用此对话框无论植物是否处于调色板中，都可以查看可用植物的信息，包括其名称、学名、种类、说明和每个对象近似的面数量，还可以向调色板中添加植物，及从调色板中删除植物，清空植物色板。

图 2-81

"参数"卷展栏中的部分选项功能介绍如下：

⊙ 高度：控制植物的近似高度。

⊙ 密度：控制植物上叶子和花朵的数量。值为 1 时表示植物具有全部的叶子和花；值为 0.5 时表示植物具有一半的叶子和花；值为 0 时表示植物没有叶子和花。

⊙ 修剪：只适用于具有树枝的植物。

⊙ 新建种子：显示当前植物的随机变体。

⊙ 显示：控制植物的树叶、果实、花、树干、树枝和根的显示。

⊙ 视口树冠模式：在 3ds Max 中，植物的树冠是覆盖植物最远端（如叶子或树枝和树干的尖端）的一个壳。

⊙ 未选择对象时：未选择植物时以树冠模式显示植物。

⊙ 始终：始终以树冠模式显示植物。

⊙ 从不：从不以树冠模式显示植物。3ds Max 将显示植物的所有特性。

⊙ 详细程度等级：控制 3ds Max 渲染植物的方式。

⊙ 低：以最低的细节级别渲染植物树冠。

⊙ 中：对减少了面数的植物进行渲染。

⊙ 高：以最高的细节级别渲染植物的所有面。

注意　可以在创建多个植物之前设置参数。这样不仅可以避免显示速度减慢，还可以减少必须对植物进行的编辑工作。

2.3.7　课堂案例——制作螺旋楼梯

【案例学习目标】学习创建螺旋楼梯。

【案例知识要点】本例介绍创建螺旋楼梯，设置合适的参数完成螺旋楼梯模型的制作，如图 2-82 所示。

【效果图文件所在的位置】随书附带光盘 Scene\cha02\螺旋楼梯.max。

（1）单击"　（创建）> 　（几何体）> 楼梯 > 螺旋楼梯"按钮，在"顶"视图中创建螺旋楼梯，如图 2-83 所示。

图 2-82   图 2-83

（2）单击"螺旋楼梯"将其选中，切换到 　（修改）命令面板，在"参数"卷展栏中取消"生成几何体"选项组中"支撑梁"复选框的勾选，勾选 "中柱"复选框，选择"扶手：外表面"；在"布局"选项组中选择"逆时针"选项，设置"半径"为 100，"旋转"为 0.8，"宽度"为 98；在"梯级"选项组中设置"竖板数"为 15，单击"竖板数"前的"枢轴竖板数"按钮，设置"总高"为 300， "竖板高"为 20；在"台阶"选项组中设置厚度为 4，勾选"深度"设置其参数为 20，勾选"分段"设置其参数为 4；

在"栏杆"卷展栏中设置"高度"为 70，"偏移"为 4，"分段"为 19，"半径"为 2.2；

在"中柱"卷展栏中设置半径为 15，分段为 16，如图 2-84 所示。

（3）单击"　（创建）> 　（几何体）> 标准基本体 > 圆柱体"按钮，在"顶"视图中创建圆柱体，在"参数"卷展栏中设置"半径"为 2，"高度"为 82，调整圆柱体的位置，如图 2-85 所示，对圆柱体进行复制并调整位置。

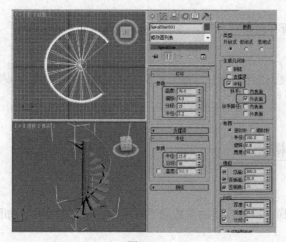

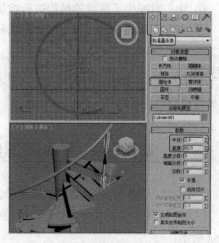

图 2-84   图 2-85

（4）完成的螺旋楼梯模型，如图 2-86 所示，完成的场景模型可以参考随书附带光盘"Scene > cha02 > 螺旋楼梯.max"文件。完成螺旋楼梯模型场景效果的设置，可以参考随书附带光盘中的"Scene > cha02 > 制作螺旋楼梯场景.max"文件，该文件是设置好场景的场景效果文件，渲染该场景可以得到图 2-82所示的效果。

图 2-86

课堂练习——制作办公椅

【练习知识要点】本例介绍使用切角长方体制作坐垫和靠背，结合使用"FFD4×4×4"修改器完成坐垫和靠背的效果；使用可渲染的样条线制作办公椅的支架和扶手；使用长方体制作横撑，如图 2-87 所示。

【效果图文件所在的位置】随书附带光盘 Scene\cha02\办公椅.max。

图 2-87

课后习题——制作墙壁储物架

【习题知识要点】本例介绍创建长方体并对长方体的位置角度进行调整，完成墙壁储物架的效果，具体的效果表现如图 2-88 所示。

【效果图文件所在的位置】随书附带光盘 Scene\cha02\墙壁储物架.max。

图 2-88

第3章

二维图形的绘制与编辑

　　二维图形的绘制与编辑是制作精美三维物体的关键。本章主要讲解了二维图形绘制
与编辑的方法和技巧，通过本章内容的学习，读者可以绘制出需要的二维图形，再通过
使用相应的编辑和修改命令将二维图形进行调整和优化，并将其应用于设计中。

课堂学习目标

● 掌握二维图形绘制的方法和技巧
● 掌握二维图形编辑与修改的方法和技巧

3.1 二维图形的绘制

在 3ds Max 中，图形是一个很重要的概念。3ds Max 中的图形工具继承了二维图形软件的特性，使用"线"、"圆"、"矩形"等基本工具创建 3ds Max 建模所需的样条线，并通过这些样条线来实现重要的建模操作。所以，图形是 3ds Max 中创建其他几何体对象的一种重要资源。

样条线主要包括节点、线段、切线手柄、步数等部分。节点就是样条线上任何一端的点，而两节点之间的距离就是线段。切线手柄是节点的属性，当节点为 Bezier 型时就会显示切线手柄，用来控制样条线的曲率。步数表达曲线将线段分割成小段的数目，步数在样条线创建几何体生成面时起作用。样条线就是一组由节点和线段组合起来的曲线，通过调整节点和线段能不断地改变样条线。

在 ※（创建）命令面板中，单击"🔁（图形）"按钮，将弹出如图 3-1 所示的图形类型。3ds Max 包括 3 种重要的图形类型："样条线"、"NURBS 曲线"和"扩展样条线"。在许多方面，它们的用处是相同的，样条线可以方便地转化为 NURBS 曲线。选择"样条线"图形类型后，在"对象类型"卷展栏中列出了 11 种样条线，分别是"线"、"矩形"、"圆"、"椭圆"、"弧"、"圆环"、"多边形"、"星形"、"文本"、"螺旋线"和"截面"。其形态及面板位置如图 3-2 所示。

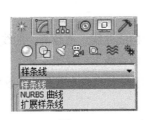

图 3-1　　　　　　　图 3-2

注意　选中"开始新图形"复选项后创建的线形都是独立的，如果不选中此复选项，创建的线形是一体的。

在 11 种样条线中，无论哪一种被激活，面板下的选项基本都是相同的，分别是"渲染"、"插值"、"创建方法"和"键盘输入"。

"渲染"卷展栏如图 3-3 所示，现介绍如下。

⊙ 在渲染中启用：选择此复选项，线形在渲染时具有实体效果。

⊙ 在视口中启用：选择此复选项，线形在视口中显示实体效果。

⊙ 使用视口设置：当选择"在视口中启用"复选项时，此选项才可用。不选中此项，样条线在视口中的显示设置保持与渲染设置相同；选中此项，可以为样条线单独设置显示属性，通常用于提高显示速度。

⊙ 生成贴图坐标：用来控制贴图位置，U 轴控制周长上的贴图，V 轴控制长度方向上的贴图。

图 3-3

⊙ 真实世界贴图大小：不选中此复选项时，贴图大小符合创建对象的尺寸；选中此复选项时，贴图大小由绝对尺寸决定，而与对象的相对尺寸无关。

⊙ 视口：设置图形在视口中的显示属性。只有在选中"在视口中启用"以及"使用视口设置"复选项时，此选项才可用。

⊙ 渲染： 设置样条线在渲染输出时的属性。

⊙ 径向：样条线渲染（或显示）为截面为圆形（或多边形）的实体。

⊙ 厚度：可以控制渲染（或显示）时线条的粗细程度。

⊙ 边：设置渲染（或显示）样条线的边数。

⊙ 角度：调节横截面的旋转角度。

⊙ 矩形：样条线渲染（或显示）为截面为长方形的实体。

⊙ 长度：设置长方形截面的长度值。

⊙ 宽度：设置长方形截面的宽度值。

⊙ 角度：调节横截面的旋转角度。

⊙ 纵横比：长方形截面的长宽比值。此参数和"长"、"宽"参数值是联动的，改变长或宽值时，"纵横比"会自动更新；改变纵横比值时，长度值会自动更新。如果按下后面的"🔒（锁定）"按钮，则保持纵横比不变，调整长或宽的值，另一个参数值会相应发生改变。

⊙ 自动平滑：选中此复选项，按照阈值设定对可渲染的样条线实体进行自动平滑处理。

⊙ 阈值：如果两个相邻表面法线之间的夹角小于阈值的角（单位为度），则指定相同的平滑组。

"插值"卷展栏如图 3-4 所示，现介绍如下。

⊙ 步数：设置两顶点之间由多少个直线片段构成曲线。值越高，曲线越平滑。

⊙ 优化：自动去除曲线上多余的步数片段（指直线上的片段）。

⊙ 自适应：根据曲度的大小自动设置步数，弯曲大的地方需要的步数会多，以产生平滑的曲线，对直线的步数将会设为 0。

"创建方法"卷展栏如图 3-5 所示，现介绍如下。

边、中心：这两个单选项是指创建曲线时，鼠标第一次点下的位置是作为图形的边还是中心。

"键盘输入"卷展栏如图 3-6 所示，现介绍如下。

大多数的曲线都可以使用键盘输入方式创建，只要输入所需的坐标值、角度值等即可。每种曲线的参数略有不同。

图 3-4　　　　　　　图 3-5　　　　　　　图 3-6

3.1.1　线

选择"（创建）> （图形）> 线"按钮，在场景中单击创建一点，如图 3-7 所示，移动鼠标单击创建第二个点，如图 3-8 所示，如果要创建闭合图形，可以移动鼠标到第一个顶点上单击，弹出如图 3-9 所示的对话框，单击"是"即可创建闭合的样条线。

　　选择"线"工具，在场景中单击并拖动鼠标绘制出的就是一条弧形线，如图 3-10 所示。

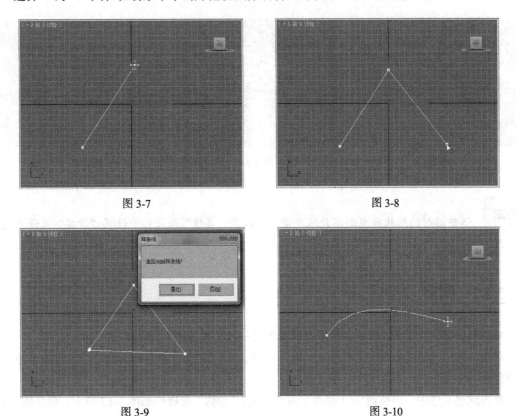

图 3-7

图 3-8

图 3-9

图 3-10

　　通过修改面板修改图形的形状，现介绍如下。

　　使用"线"工具创建了闭合图形后，单击线将其选中，切换到 （修改）命令面板，将当前选择集定义为"顶点"通过顶点可以改变图形的形状，如图 3-11 所示。

　　在选择的顶点上鼠标右击，弹出如图 3-12 所示的快捷菜单，从中可以选择顶点的调节方式。

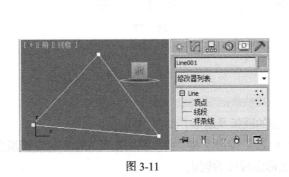

图 3-11

图 3-12

　　选择了"Bezier 角点"，"Bezier 角点"有两个控制手柄，可以分别调增两个控制手柄来调整两边线段的弧度，如图 3-13 所示。

选择了"Bezier"，同样"Bezier"有两个控制手柄，不过两个控制手柄是相互关联的，如图3-14所示。

选择了"平滑"，如图3-15所示。

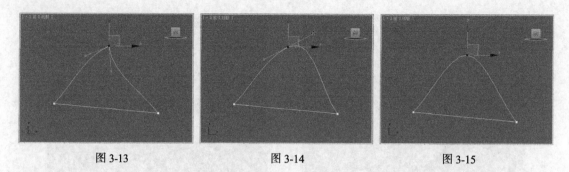

图 3-13   图 3-14   图 3-15

注意

  调整图形的形状后图形不是很平滑，可以在"差值"卷展栏中设置"步数"来设置图形的平滑。

3.1.2 圆形

3ds Max 图形工具可以绘制各种形态的圆形及一些艺术造型，如图3-16所示。

单击" （创建）> （图形）> 圆"按钮，在任意视图中拖曳鼠标来确定它的半径，就可以创建一个圆形。

单击圆将其选中，切换到 （修改）命令面板，"参数"卷展栏如图3-17所示，现介绍如下。

半径：用来设置圆形的半径大小。

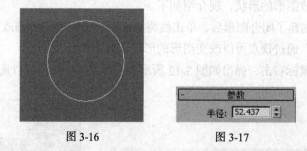

图 3-16   图 3-17

3.1.3 弧

3ds Max 图形工具可以绘制各种形态的圆弧及扇形，如图3-18所示。

单击" （创建）> （图形）> 弧"按钮，在"前"视图拖曳光标来确定弧所在圆的半径，再移动光标绘制弧的长度，单击鼠标完成弧的创建。

单击弧将其选中，切换到 （修改）命令面板，"参数"卷展栏如图3-19所示，现介绍如下。

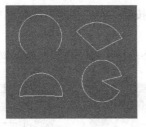

图 3-18　　　　　　　　　　　图 3-19

- ⊙ 半径：设置弧形所属圆形的半径。
- ⊙ 从：设置弧形的起始角度（依据局部坐标系 *X* 轴）。
- ⊙ 到：设置弧形的终止角度（依据局部坐标系 *X* 轴）。
- ⊙ 饼形切片：选择该复选项产生封闭的扇形。
- ⊙ 反转：用于反转弧形，即产生弧形所属圆周另一半的弧形。如果将样条线转换为可编辑样条线，可以在样条线次级结构层次选择此复选项。

3.1.4　多边形

3ds Max 图形工具可以绘制任意边数的正多边形和任意等分的圆形，如图 3-20 所示。

单击" 　(创建)> 　(图形)> 多边形"按钮，在"前"视图拖曳光标来确定它的半径，就可以创建一个多边形。

单击多边形将其选中，切换到 　(修改)命令面板，其"参数"卷展栏如图 3-21 所示，现介绍如下：

图 3-20　　　　　　　　　　　图 3-21

- ⊙ 半径：设置多边形半径的大小。
- ⊙ 内接：计算机默认为选中，设置指多边形的中心点到角点的距离为内切于圆的半径。
- ⊙ 外接：如选中该单选项，设置指多边形的中心点到任意边的中点的距离为外切于圆的半径。
- ⊙ 边数：设置多边形边的数量。取值范围是 3 ~ 100，随着边数增多，多边形近似为圆形。
- ⊙ 角半径：制作圆角多边形，设置圆角半径的大小。
- ⊙ 圆形：如选中该复选项，多边形可变为圆形。

3.1.5　文本

3ds Max 图形工具可以绘制各种文本，并对字体、字距及行距进行调整，如图 3-22 所示。

单击"（创建）> （图形）> 文本"按钮，在"文本"编辑框中输入所需要的文本，在"前"视图单击就可以创建出文本。

单击文本将其选中，切换到 （修改）命令面板，其"参数"卷展栏如图3-23所示。

图3-22

图3-23

3.1.6 矩形

3ds Max 图形工具可以绘制各种形态的矩形及一些艺术模型，如图3-24所示。

单击"（创建）> （图形）> 矩形"按钮，在任意视图拖曳光标来确定它的长度和宽度，就可以创建一个多边形。

单击矩形将其选中，切换到 （修改）命令面板，其"参数"卷展栏如图3-25所示，现介绍如下。

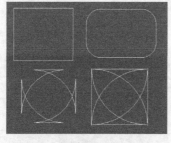

图3-24

图3-25

⊙ 长度、宽度：设置矩形的长度与宽度。
⊙ 角半径：设置矩形四边圆角半径。

3.1.7 星形

3ds Max 图形工具可以绘制各种形态的星形图案及齿轮。在效果图制作过程中主要用来制作星状模型，如图3-26所示。

单击"（创建）> （图形）> 星形"按钮，在任意视图拖曳光标来确定半径1，再移动光标来确定它的半径2，就可以创建一个星形。

单击星形将其选中，切换到（修改）命令面板，其"参数"卷展栏如图 3-27 所示，现介绍如下。

图 3-26　　　　　　　　　　　图 3-27

- ⊙ 半径 1、半径 2：用来设置星形的内、外半径。
- ⊙ 点：设置星形的顶点数目，取值范围是 3 ~ 100。
- ⊙ 扭曲：可以使外角与内角产生角度扭曲，围绕中心旋转外圆环的顶点，产生类似于锯齿状的形态。
- ⊙ 圆角半径 1、圆角半径 2：设置星形内、外圆环上的倒角半径的大小。

3.1.8　螺旋线

3ds Max 图形工具可以绘制各种形态的弧形及弹簧，如图 3-28 所示。

单击"⁑（创建）> ◖（图形）> 螺旋线"按钮，在顶视图单击并拖曳光标来确定它的半径 1，向上或向下移动并单击鼠标来确定它的高度，再向上或向下移动并单击鼠标来确定它的半径 2，就可以创建一个螺旋线。

单击螺旋线将其选中，切换到（修改）命令面板，其"参数"卷展栏如图 3-29 所示，现介绍如下。

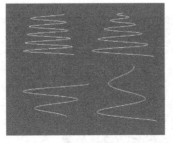

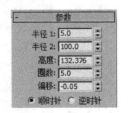

图 3-28　　　　　　　　　　　图 3-29

- ⊙ 半径 1、半径 2：定义螺旋线开始圆环的半径。
- ⊙ 高度：设置螺旋线的高度。
- ⊙ 圈数：设置螺旋线在起始圆环与结束圆环之间旋转的圈数。
- ⊙ 偏移：设置螺旋的偏向。
- ⊙ 顺时针、逆时针：设置螺旋线的旋转方向。

单击最后添加其后的"边框"，以及其中改其其动画命令（添加），其,其来,按钮标添加点 3-32 所示其其单击

3.2 二维图形的编辑与修改

在二维图形中，除了对现有"顶点"、"线段"、"样条线"等子物体层级进行编辑外，其他的二维图形就不能那么随意的编辑了，它们只能靠改变参数的方式来改变形态。如果将它们连接为一体或想与线那样方便自如地调整，有两种方法。

第一种方法是在修改器列表中施加"编辑样条线"命令。

（1）在"顶"视图中任意创建一个圆及两个矩形，形态如图 3-30 所示。

（2）在"顶"视图选择圆形或选择其中的任意一个矩形，在"修改器列表"中选择"编辑样条线"修改器。

此时的面板与线的"修改"面板基本相同，但是没有"渲染"和"插值"卷展栏，这两项参数在它还没有选择"编辑样条线"命令前的原始位置，也就是圆形命令层级。

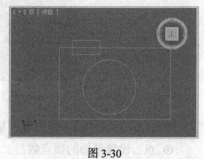

图 3-30

（3）单击"几何体"卷展栏中的"附加"按钮，在视图中依次单击另外的图形，将它们附加到一起。还可以单击"附加多个"按钮，此时将弹出"附加多个"对话框，选择要附加的图形，单击"附加"按钮，将它们附加到一起。

下面为附加在一起的图形进行布尔运算操作。

（4）激活"修改"命令面板中"✕（样条线）"按钮，在顶视图选择大矩形（选择后会呈红色显示），在"几何体"卷展栏中单击"布尔"按钮，在顶视图中单击小矩形，此时它们以"并集"形式显示。

（5）在"主工具"栏中单击"↺（撤销场景操作）"按钮，在"布尔"按钮右侧单击"◈（差集）"按钮，再执行布尔运算，它们将以"差集"形式显示。

（6）在"主工具"栏中的"↺（撤销场景操作）"按钮，在"布尔"按钮右侧单击"◈（交集）"按钮，再执行布尔运算，它们将以"交集"形式显示。

执行布尔运算后的效果如图 3-31 所示。

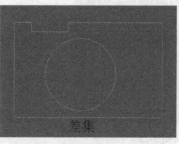

并集　　　　　　　　　　差集　　　　　　　　　　交集

图 3-31

另一种方法是在修改器列表中施加"编辑样条线"命令。

（1）在视图中创建一个圆或矩形。

（2）在图形上鼠标右击，此时会弹出一个快捷菜单，选择"转换为 > 转换为可编辑样条线"命令，即可将图形转换为可编辑样条线，如图 3-32 所示。

此时的圆或矩形变成可编辑样条线了。可编辑样条线命令中的功能与线命令的功能是完全一样的。

对图形执行"编辑样条线"命令和"转换为可编辑样条线"命令的结果是不一样的。对图形执行"编辑样条线"命令后，图形的原始命令层级还保留着，也就是说如果觉着绘制的线形不满意，还可以倒回去重新修改一下图形的参数设置；而如果对图形执行的是"转换为可编辑样条线"命令，则图形的原始命令层级就不存在了，对图形的参数就不能再改变了。所以说，如果对图形的形态把握不是很大的话，建议使用"编辑样条线"命令。

图 3-32

3.2.1　课堂案例——制作调料架

【案例学习目标】学习使用弯曲、编辑样条线来制作调料架。

【案例知识要点】下面介绍使用线、圆、弧、切角圆柱体工具，结合使用弯曲、编辑样条线修改器，制作调料架，如图 3-33 所示。

【效果图文件所在的位置】随书附带光盘 Scene\cha03\调料架.max。

图 3-33

（1）单击" （创建）>   （图形）> 弧"按钮，在"前"视图中创建弧，在"渲染"卷展栏中勾选"在渲染中启用"和"在视口中启用"复选框，设置"厚度"为 8，如图 3-34 所示。

（2）切换到 （修改）命令面板，在修改器列表中选择"编辑样条线"修改器，将选择集定义为"顶点"，在"几何体"卷展栏中单击"优化"按钮，在场景中添加如图 3-35 所示的顶点，关闭优化按钮。

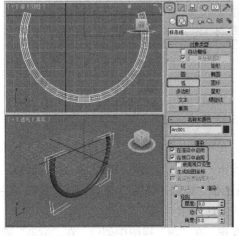

图 3-34

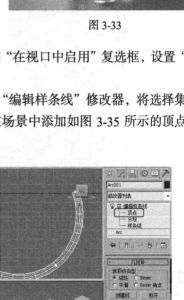

图 3-35

（3）在场景中调整顶点的角度和位置，如图 3-36 所示。

（4）关闭选择集，按 Ctrl+V 组合键，在弹出的对话框中选择"实例"选项实例复制图形，将选择集定义为"顶点"，调整顶点的角度和位置如图 3-37 所示，关闭选择集。

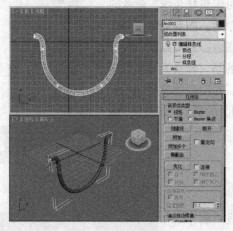

图 3-36　　　　　　　　　　　　　　　　图 3-37

（5）继续对图形进行实例复制，调整其合适的位置，如图 3-38 所示。

（6）在场景中选择所有图形，在修改器列表中选择"弯曲"修改器，在"参数"卷展栏中设置"角度"为 360，"方向"为 140，弯曲轴为 X，如图 3-39 所示。

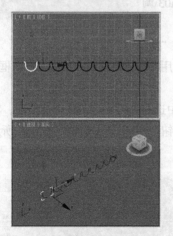
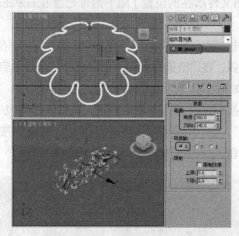

图 3-38　　　　　　　　　　　　　　　　图 3-39

注意　在对图形进行弯曲之前可以将所选的图形进行"成组"。

（7）工具栏中单击"（选择并移动）"按钮，在场景中调整其合适的角度，如图 3-40 所示。

（8）单击"（创建）>（图形）> 圆"按钮，在"顶"视图中创建圆，在"渲染"卷展栏中勾选"在渲染中启用"和"在视口中启用"复选框，设置"厚度"为 18，在"参数"卷展栏中设置合适大小的半径，调整其合适的位置，如图 3-41 所示。

（9）单击"（创建）>（图形）> 线"按钮，在"顶"视图中创建，在"渲染"卷展栏中勾选"在渲染中启用"和"在视口中启用"复选框，设置厚度为 6，如图 3-42 所示的样条线。

（10）对创建的样条线进行复制，调整其合适的位置和角度，如图 3-43 所示。

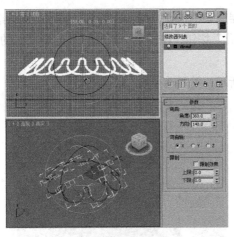

图 3-40

图 3-41

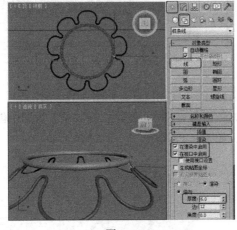

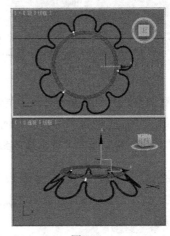

图 3-42

图 3-43

（11）对圆进行复制，调整其合适的位置，如图 3-44 所示。

（12）单击"　（创建）>　（图形）> 弧"按钮，在"前"视图中创建弧，在"渲染"卷展栏中勾选"在渲染中启用"和"在视口中启用"复选框，设置"厚度"为 10，如图 3-45 所示。

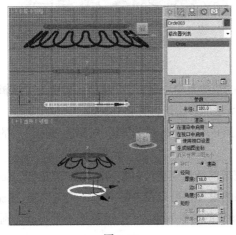

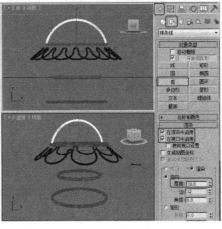

图 3-44

图 3-45

（13）切换到 （修改）命令面板，在修改器列表中选择"编辑样条线"修改器，将选择集定义为"顶点"，在"几何体"卷展栏中单击"优化"按钮，在场景中添加如图 3-46 所示的顶点，关闭"优化"按钮。

（14）在场景中调整顶点的位置，如图 3-47 所示，关闭选择集。

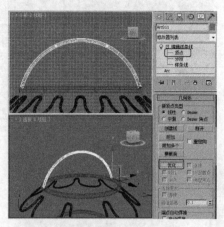
图 3-46

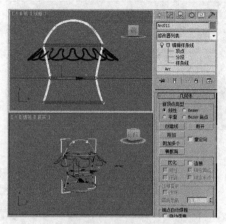
图 3-47

（15）对调整好的图形进行复制，调整其合适的角度和位置，如图 3-48 所示。

（16）单击" （创建）> （几何体）> 切角圆柱体"按钮，在"顶"视图中创建切角圆柱体，在"参数"卷展栏中设置合适的参数，如图 3-49 所示。

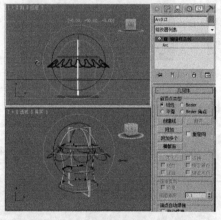
图 3-48

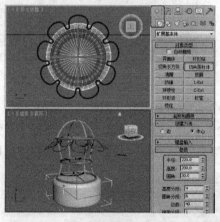
图 3-49

（17）在场景中鼠标右击切角圆柱体，在弹出的快捷菜单中选择"转换为>转换为可编辑多边形"，将选择集定义为"多边形"，选择如图 3-50 所示的多边形，并将其删除。

（18）关闭选择集，在工具栏中单击" （选择并均匀缩放）"工具，对删除多边形后的图形进行缩放，如图 3-51 所示。

（19）完成的调料架模型，如图 3-52 所示，完成的场景模型可以参考随书附带光盘"Scene > cha03 > 调料架.max"文件。完成调料架模型效果的设置，可以参考随书附带光盘中的"Scene > cha03 > 调料架场景.max"文件，该文件是设置好场景的场景效果文件，渲染该场景可以得到 3-33 所示的效果。

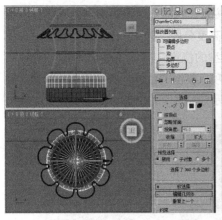

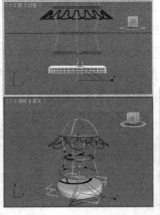

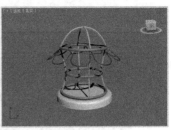

图 3-50　　　　　　　　　　　图 3-51　　　　　　　　　　　图 3-52

3.2.2　课堂案例——制作表

【案例学习目标】学习使用阵列工具，倒角、挤出、FFD2
×2×2、编辑样条线修改器来制作表模型。

【案例知识要点】本例重点介绍使用倒角、挤出修改器的
应用，结合使用阵列工具，FFD2×2×2、编辑样条线修改器，
制作表模型，如图 3-53 所示。

【效果图文件所在的位置】随书附带光盘 Scene\cha03\
表.max。

图 3-53

（1）作为表的外框，单击"　（创建）>　（图形）>
圆环"按钮，在"前"视图中创建圆环，在"参数"卷展栏中设置"半径 1"为 50，设置"半
径 2"为 46，如图 3-54 所示。

（2）在"修改器列表"中选择"倒角" 修改器。在"参数"卷展栏中设置"分段"为 2，
在"倒角值"卷展栏中设置"级别 1"组中的"高度"为 4、"轮廓"为 0；勾选"级别 2"，并
设置"级别 2"组中的"高度"为 1、"轮廓"为-0.5，如图 3-55 所示。

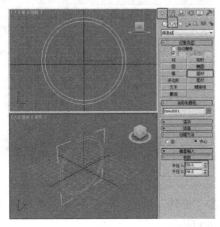

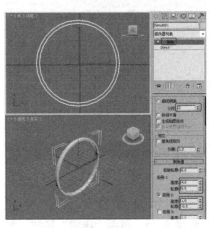

图 3-54　　　　　　　　　　　　　　　　　图 3-55

（3）单击"■（创建）> ◎（几何体）> 圆柱体"按钮，在"前"视图中创建圆柱体，并在"参数"卷展栏中设置"半径"为 48、"高度"为 2、"高度分段"为 1，作为表的表盘，如图 3-56 所示。在"前"视图中用■（对齐）工具调整两个模型的位置。

（4）按 Ctrl+V 键，在弹出的对话框中选择"复制"选项，复制圆柱体，切换到 ☑（修改）命令面板，修改"半径"为 0.5、"高度"为 5，如图 3-57 所示。

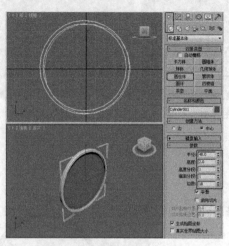

图 3-56　　　　　　　　　　　　　　　　图 3-57

（5）单击"■（创建）> ◎（几何体）> 长方体"按钮，切换到 ☑（修改）命令面板，在"参数"卷展栏中设置其"长度"为 8、"宽度"为 1.5、"高度"为 0.5，并在场景中调整长方体的位置，如图 3-58 所示。

（6）切换到 ■（层次）命令面板选择"仅影响轴"，单击"■（对齐）"工具，在"前"视图中拾取"圆环"，在弹出的对话框勾选"X 位置"、"Y 位置"并选择"当前对象"为轴点、"目标对象"为轴点，单击"确定"按钮，如图 3-59 所示。取消"仅影响轴"。

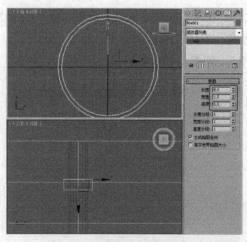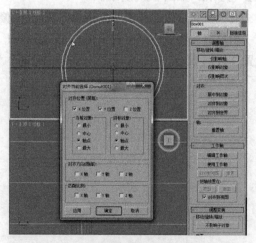

图 3-58　　　　　　　　　　　　　　　　图 3-59

（7）在菜单栏中单击"工具>阵列"命令，单击"旋转"后的"＞"按钮，并设置 Z 为 360 度、"1D"数量为 12，单击"确定"按钮，如图 3-60 所示。

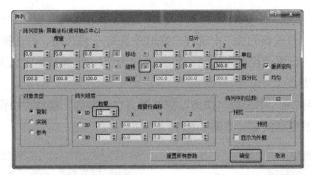

图 3-60

（8）按 Ctrl+V 组合键，在弹出的对话框中选择"复制"选项，复制圆柱体，切换到 ◤（修改）命令面板，在"参数"卷展栏中设置"半径"为 0.5、"高度"为 0.5，并在场景中调整圆柱体的位置，如图 3-61 所示。

（9）切换到 ▬（层次）命令面板选择"仅影响轴"，单击"◳（对齐）"工具，在"前"视图中拾取"圆环"，在弹出的对话框勾选"X 位置"、"Y 位置"并选择"当前对象"为轴点、"目标对象"为轴点，单击"确定"按钮，如图 3-62 所示。取消"仅影响轴"。

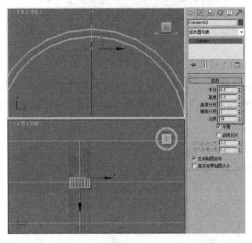

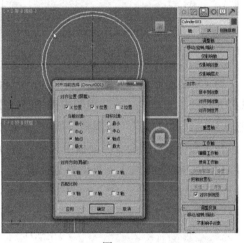

图 3-61　　　　　　　　　　　　　　　　　　图 3-62

（10）在菜单栏中单击"工具>阵列"命令，单击"旋转"后的"＞"按钮，并设置 Z 为 360度、"1D"数量为 60，单击"确定"按钮，如图 3-63 所示。

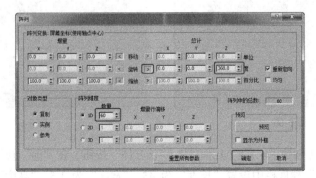

图 3-63

（11）单击"　（创建）>　（图形）> 矩形"按钮，在"前"视图中创建矩形。切换到　（修改）命令面板，在"修改器列表"中选择"编辑样条线" 修改器，将选择集定义为"样条线"，在"几何体"卷展栏中设置"轮廓"为 2，如图 3-64 所示，将选择集定义为"顶点"，在场景中调整顶点，关闭选择集。

（12）在"修改器列表"中选择"挤出"修改器，在"参数"卷展栏中设置"数量"为 0.3，并在"顶"视图中调整模型位置，如图 3-65 所示。

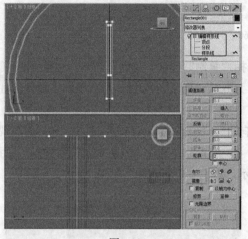

图 3-64　　　　　　　　　　图 3-65

（13）复制矩形 001 模型。复制出的矩形 002 模型作为时针模型，使用　（选择并旋转）和　（选择并移动）工具在"前"视图中调整时针模型的角度和位置。选择作为分针的矩形 001 模型，将选择集定义为"顶点"并调整"顶点"，如图 3-66 所示。

（14）在"修改器命令"面板中选择"FFD2×2×2"修改器，将选择集定义为"控制点"，使用　（使用并均匀缩放）工具调整分针模型，如图 3-67 所示。

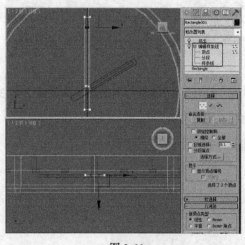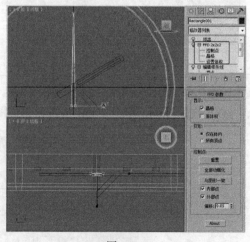

图 3-66　　　　　　　　　　图 3-67

（15）单击"　（创建）>　（几何体）> 长方体"按钮，在"前"视图中创建"长方体"作为秒针，在"参数"卷展栏中设置"长度"为 45、"宽度"为 1.5、"高度"为 0.3，如图 3-68

所示。

（16）在"修改器命令"面板中选择"FFD2×2×2"修改器，将选择集定义为"控制点"，使用 🔲（使用并均匀缩放）工具调整秒针模型。使用 🔄（选择并旋转）工具并打开"🧲（角度捕捉切换）"调整时针角度，并调整时针位置，如图 3-69 所示。

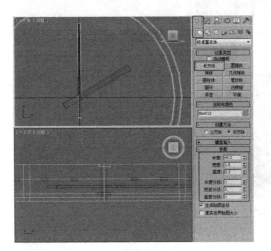

图 3-68　　　　　　　　　　　　　　　　　　图 3-69

（17）在场景中选择作为外框的圆环，在修改器堆栈中选择"Donut"，在"插值"卷展栏中通过设置"步数"的参数可以设置圆环的平滑，如图 3-70 所示。完成的场景模型可以参考随书附带光盘"Scene > cha03 > 表.max"文件。完成表模型场景效果的设置，可以参考随书附带光盘中的"Scene > cha03 > 表场景.max"文件，该文件是设置好场景的场景效果文件，渲染该场景可以得到图 3-53 所示的效果。

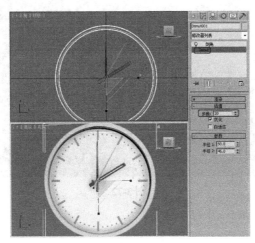

图 3-70

课堂练习——制作中式灯柱

【练习知识要点】本例使用长方体、圆锥体、可渲染的样条线，结合使用"晶格"修改器完成中式灯柱的模型制作，如图 3-71 所示。

【效果图文件所在的位置】随书附带光盘 Scene\cha03\中式灯柱.max。

图 3-71

课后习题——制作酒杯

【习题知识要点】本例重点介绍线的绘制和调整，结合使用"车削"修改器，制作酒杯模型，如图 3-72 所示。

【效果图文件所在的位置】随书附带光盘 Scene\cha03\制作酒杯.max。

图 3-72

第4章

二维图形生成三维模型

　　二维图形在效果图制作的过程中是使用频率最高的，复杂一点的三维模型都需要先绘制二维图形，再对二维图形施加一些编辑命令，得到计划中的三维模型。本章主要讲解了二维图形生成三维模型的方法和技巧，通过本章内容的学习，读者可以设计制作出精美的三维模型。

课堂学习目标

- 了解修改命令面板的结构。
- 掌握"挤出"修改器的使用方法
- 掌握"车削"修改器的使用方法
- 掌握"倒角"修改器的使用方法
- 掌握"倒角剖面"修改器的使用方法

4.1 修改命令面板的结构

在制作模型的过程中，往往会碰到这种情况，运用前面学习的方法所创建的对象满足不了目前的需要，那该怎么办呢？在这里，3ds Max 2012 为设计者提供了一系列的修改命令，这些命令又称为修改器，修改器集中放置在修改面板中。在这里，可以对不满意的对象进行修改。

选择需要修改的对象，单击"（修改）"按钮，进入"修改"命令面板，其结构如图 4-1 所示。

在"修改器列表"下拉列表中选择可以应用于当前对象的修改器。另外，并不是所有的修改器都可以添加给任意模型的，初始对象的属性不同，能施加给该对象的修改器就不同。例如，有的修改器是二维图形的专用修改器，就不能施加给三维对象。

4.1.1 名称和颜色

图 4-1

"修改器列表"可以显示被修改三维模型的名称和颜色，在此模型建立时就已存在，可以在文字框中输入新的名称。在 3ds Max 中允许同一场景中有相同名称的模型共存。单击"颜色"按钮，可以弹出颜色选择对话框，用于重新确定模型的线框颜色。

4.1.2 修改器堆栈

堆栈是一个计算机术语，在 3ds Max 中被称为"修改器堆栈"，主要用来管理修改器。修改器堆栈可以理解为对各道加工工序所做的记录，修改器堆栈是场景物体的档案。它的功能主要包括 3 个方面：第一，堆栈记录物体从创建至被修改完毕这一全过程所经历的各项修改内容，包括创建参数、修改工具以及空间变型，但不包含移动、旋转和缩放操作。第二，在记录的过程中，保持各项修改过程的顺序，即创建参数在最底层，其上是各修改工具，最顶层是空间变型。第三，堆栈不但按顺序记录操作过程，而且可以随时返回其中的某一步骤进行重新设置。

子物体：子物体就是指构成物体的元素。对于不同类型的物体，子物体的划分也不同，如二维物体的子物体分为"顶点"、"线段"和"样条线"，而三维物体的子物体分为"顶点"、"边"、"面"、"多边形"、"元素"等。

堆栈列表：堆栈列表位于修改面板的最上方。选择一个物体，单击"（修改）"按钮，此"修改"命令面板如图 4-2 所示，下端为修改工具栏，上端为堆栈面板。

图 4-2

"修改器堆栈"中的工具按钮介绍如下。

◉ （锁定堆栈）按钮：在对物体进行修改时，选择哪个物体，在堆栈中就会显示哪个物体的修改内容，当激活此项时，会把当前物体的堆栈内容固定在堆栈表内不做改变。

◉ （显示最终结果开/关切换）按钮：激活该项，将显示场景物体的最终修改结果（作图时经常使用）。

- ⊙ <kbd>W</kbd>（使唯一）按钮：激活该项，当前物体会断开与其他被修改物体的关联关系。
- ⊙ <kbd>8</kbd>（从堆栈中移除修改器）按钮：从堆栈列表中删除所选择的修改命令。
- ⊙ <kbd>■</kbd>（配置修改器集）按钮：单击此项会弹出修改器分类列表。

为了优化堆栈，在建模完毕后可以将物体的所有"记录"合并，此时场景物体将被转换为"可编辑网格"物体，这一过程就被称为"塌陷"。塌陷后，便无法通过创建参数对其长、宽、高进行控制，因为它的创建参数已在塌陷过程中消失。

4.1.3　修改器列表

3ds Max 中的所有修改命令都被集中到修改器列表中，单击"修改器列表"出现修改命令的下拉列表，单击相应的命令名称可对当前物体施加选中的修改命令。

4.1.4　修改命令面板的建立

在为模型施加修改命令时，有时候会因为修改列表中的命令太多而不能很快找到想要的修改命令，那么有没有一种快捷的方法，可以将平时常用的修改命令存储起来，在应用的时候就可以快速找到呢？在这里，3ds Max 2012 为我们提供了可以自己建立修改命令面板的功能，它是通过"配置修改器集"对话框来实现的。通过该对话框，用户可以在一个对象的修改器堆栈内复制、剪切和粘贴修改器，或将修改器粘贴到其他对象堆栈中，还可以给修改器取一个新名字以便记住编辑的修改器。

建立"修改"命令面板的步骤如下。

（1）单击命令面板中的"<kbd>■</kbd>（修改）"按钮，再单击"<kbd>■</kbd>（配置修改器集）"按钮，在弹出的下拉菜单中选择"显示按钮"命令，如图 4-3 所示。

（2）此时在"修改"命令面板中出现了一个默认的命令面板，如图 4-4 所示。

图 4-3

图 4-4

这个"修改"命令面板中提供的修改命令，是系统默认的一些修改器命令，基本上是用不到的。下面来设置一下，将常用的"修改"命令设置为一个面板，如"挤出、车削、倒角、弯曲、锥化、晶格、编辑网格、FFD 长方体"等修改器。

（3）单击"（配置修改器集）"按钮，在弹出的下拉菜单中选择"配置修改器集"命令，此时弹出"配置修改器集"对话框，在"修改器"列表框中选择所需要的修改器，然后将其拖曳到右面的按钮上，如图 4-5 所示。

（4）用同样的方法将所需要的修改器拖过去，按钮的个数也可以设置，设置完成后可以将这个"修改"命令面板保存起来，如图 4-6 所示。

图 4-5

图 4-6

这样，"修改"命令面板就建立好了，用户操作时就可以直接单击"修改"命令面板上的相应命令。一个专业的设计师或绘图员，都会设置一个自己常用的命令面板，这样会直观、方便地找到所需要的修改命令，而不需要到"修改器"列表中寻找了。

注意　如果不想显示"修改"命令面板，可以单击"（配置修改器集）"按钮，在弹出的下拉菜单中选择"显示按钮"命令，即可将面板隐藏起来。

4.2 常用修改器

上面讲述了"修改"命令面板的基本结构以及如何建立"修改"命令面板等，但是如果想让模型的形体发生一些变化，以生成一些奇特的模型，那么必须给该物体施加相应的修改器。下面就来学习一些常用的修改器。

4.2.1 "挤出"修改器

"挤出"修改器的作用是使二维图形沿着其局部坐标系的 Z 轴方向生长，给它增加一个厚度，还可以沿着挤出方向为它指定段数，如果二维图形是封闭的，可以指定挤出的物体是否有顶面和底面，如图 4-7 所示。

首先在视图中创建一条封闭的线形或者创建一个其他二维图形，并确认该线形处于被选中状态，然后单击"（修改）"按钮，进入"修改"命令面板，在"修改器列表"下拉列表中选择"挤出"修改器即可。其参数面板如图 4-8 所示。

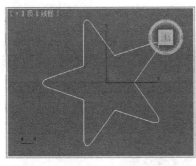

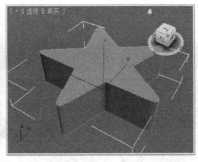

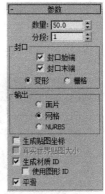

图 4-7　　　　　　　　　　　　　　　　　　　　　　图 4-8

"参数"卷展栏介绍如下。

- 数量：设置物体挤出的厚度。
- 分段：设置挤出厚度上的片段划分数。
- 封口始端：在顶端加面封盖物体。
- 封口末端：在底端加面封盖物体。
- 变形：用于变形动画的制作，保证点面数恒定不变。
- 栅格：对边界线进行重排列处理，以最精简的点面数来获取优秀的模型。
- 面片：将挤出物体输出为面片模型，就可以使用"编辑面片"修改命令编辑物体。
- 网格：将挤出物体输出为网格模型，就可以使用"编辑网格"修改命令编辑物体。
- NURBS：将挤出物体输出为 NURBS 模型。
- 生成贴图坐标：可为挤出的物体指定贴图坐标。
- 生成材质 ID：对顶盖指定 ID 号为 1，对底盖指定 ID 号为 2，对侧面指定 ID 号为 3。
- 使用图形 ID：选择该复选项，将使用线形的材质 ID。
- 平滑：使物体平滑显示。

 二维图形执行"挤出"命令时，线形必须是封闭的，否则挤出完成后中间是空心的。

4.2.2　"车削"修改器

　　"车削"修改器将一个二维图形沿一个轴向旋转一周，从而生成一个旋转体。这是非常实用的模型工具，它常用来建立诸如高脚杯、装饰柱、花瓶及一些对称的旋转体模型。旋转的角度可以是 0°～360° 的任何数值，如图 4-9 所示。

　　首先在视图中绘制出要制作模型的剖面线，封闭或不封闭的线形都可以，但效果不一样。确认该线形处于被选中状态，然后单击"⬚（修改）"按钮，进入"修改"命令面板，在"修改器列表"下拉列表中选择"车削"修改器即可。其参数面板如图 4-10 所示。

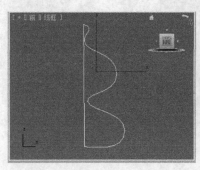

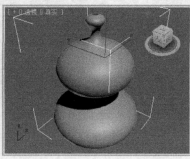

图 4-9 | 图 4-10

"参数"卷展栏介绍如下。

⊙ 度数：设置旋转成形的角度，360°为一个完整环形，小于 360°为不完整的扇形。

⊙ 焊接内核：将中心轴向上重合的点进行焊接精减，以得到结构相对简单的模型，如果要作为变形物体，不能将此项选中。

⊙ 翻转法线：将模型表面的法线方向反向。

⊙ 分段：设置旋转圆周上的片段划分数，值越高，模型越平滑。

⊙ 封口始端：将顶端加面覆盖。

⊙ 封口末端：将底端加面覆盖。

⊙ 变形：不进行面的精简计算，不能用于变形动画的制作。

⊙ 栅格：进行面的精简计算，不能用于变形动画的制作。

⊙ X、Y、Z：单击不同的轴向得到不同的效果。

⊙ 最小：将曲线内边界与中心轴对齐。

⊙ 中心：将曲线中心与中心轴对齐。

⊙ 最大：将曲线外边界与中心轴对齐。

⊙ 面片：将旋转成形的物体转化为面片模型。

⊙ 网格：将旋转成形的物体转化为网格模型。

⊙ NURBS：将旋转成形的物体转化为 NURBS 曲面模型。

⊙ 生成贴图坐标：可为旋转的物体指定内置式贴图坐标。

⊙ 生成材质 ID：为模型指定特殊的材质 ID 号，两端面指定为 ID1、ID2，侧面指定为 ID3。

⊙ 使用图形 ID：选择该复选项，将使用线形的材质 ID。

⊙ 平滑：用于设置物体是否平滑显示。

4.2.3　"倒角"修改器

"倒角"修改器可以使线形模型增长一定的厚度形成立体模型，还可以使生成的立体模型产生一定的线形或圆形倒角，如图 4-11 所示。

首先在视图中绘制一条封闭的线形或者绘制一个其他的二维图形，确认该图形处于被选中状态，然后单击"（修改）"按钮，进入"修改"命令面板，在"修改器列表"下拉列表中选择"倒角"修改器即可。其参数面板如图 4-12 所示。

图 4-11

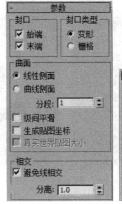

图 4-12

"参数"卷展栏介绍如下。

⊙ 始端：将开始截面盖子加盖。

⊙ 末端：将结束截面盖子加盖。

⊙ 变形：不处理表面，以便进行变形操作，制作变形动画。

⊙ 栅格：进行表面栅格处理，它产生的渲染效果要优于变形方式。

⊙ 线性侧面：设置倒角内部片段划分为直线方式。

⊙ 曲线侧面：设置倒角内部片段划分为曲线方式。

⊙ 分段：设置倒角内部的片段划分数。

⊙ 级间平滑：对倒角进行平滑处理，但总保持顶盖不被平滑。

⊙ 生成贴图坐标：使用内置式贴图坐标。

⊙ 避免线相交：此复选项，可以防止锐折角部位产生的突出变形。

⊙ 分离：设置两个边界线之间保持的距离间隔，以防止越界交叉。

"倒角值"卷展栏介绍如下。

⊙ 起始轮廓：设置原始线形的外轮廓大小。如果它大于 0，外轮廓则加粗；小于 0 则外轮廓变细；等于 0 将保持原始线形的大小不变。

⊙ 级别 1、级别 2、级别 3：分别设置 3 个级别的高度和轮廓大小。

4.2.4　"倒角剖面"修改器

这是一个从倒角工具中衍生出来的，要求提供一个截面路径作为倒角的轮廓线，有些类似于后面要讲解的"放样"命令，但在制作完成后这条剖面线不能删除，否则斜切轮廓后的模型就会一起被删除，如图 4-13 所示。

首先在视图中创建两个图形，一条作为它的路径，一条作为它的剖面线，并确认该路径处于被选中状态。然后单击"（修改）"按钮，进入"修改"命令面板，在"修改器列表"下拉列表中选择"倒角剖面"修改器，然后在视图中单击轮廓线，即可生成物体。其参数面板如图 4-14 所示。

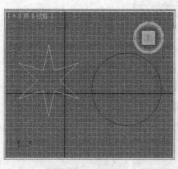

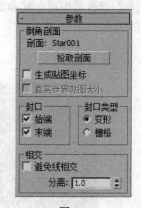

图 4-13   图 4-14

"参数"卷展栏介绍如下。

⊙ "拾取剖面"按钮：在为图形指定了"倒角剖面"修改器后，单击"拾取剖面"按钮，可在视图中选取作为倒角剖面线的图形。

⊙ 始端：将开始端加盖子。

⊙ 末端：将结束端加盖子。

⊙ 变形：不处理表面，以便进行变形操作，制作变形动画。

⊙ 栅格：进行表面栅格处理，它产生的渲染效果要优于 Morph 方式。

⊙ 避免线相交：选中此选项，可以防止尖锐折角产生的突出变形。

⊙ 分离：设置两个边界线之间保持的距离间隔，以防止越界交叉。

4.2.5 课堂案例——制作红酒酒瓶

【案例学习目标】学习使用绘制线结合使用车削来制作红酒酒瓶模型。

【案例知识要点】本例介绍使用"车削"制作红酒酒瓶，看一下场景模型效果，如图 4-15 所示。

【效果图文件所在的位置】随书附带光盘 Scene\cha04\红酒酒瓶.max。

（1）单击" ✳（创建）> ⚙（图形）> 线"按钮，在"前"视图中创建样条线，如图 4-16 所示。

图 4-15

（2）切换到 ☑（修改）命令面板，将当前选择集定义为"顶点"，按 Ctrl+A 组合键，全选顶点，右击顶点，在弹出的快捷菜单中选择"Bezier 角点"命令，如图 4-17 所示。

（3）在场景中调整顶点，如图 4-18 所示。

（4）将选择集定义为"样条线"修改器，在场景中选择样条线，在"几何体"卷展栏中选择"轮廓"按钮，在场景中拖动移动样条线设置轮廓，如图 4-19 所示。

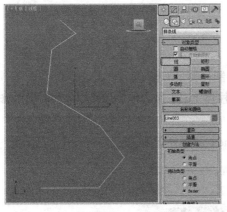

图 4-16

图 4-17

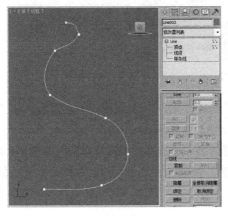

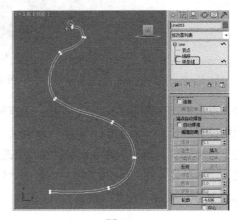

图 4-18

图 4-19

（5）关闭选择集，在"修改器列表"中选择"车削"修改器，在"参数"卷展栏中设置"分段"为 32，在"方向"组中选择"Y"轴按钮，在"对齐"组中单击"最小"按钮，如图 4-20 所示。

（6）完成的红酒酒瓶模型如图 4-21 所示。完成的场景模型可以参考随书附带光盘"Scene > cha04 > 红酒酒瓶.max"文件。完成红酒酒瓶模型场景效果的设置，可以参考随书附带光盘中的"Scene > cha04 > 红酒酒瓶场景.max"文件，该文件是设置好场景的场景效果文件，渲染该场景可以得到图 4-15 所示的效果。

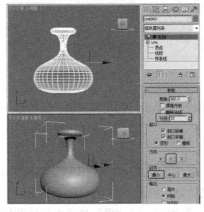

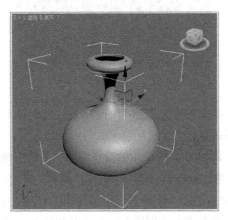

图 4-20

图 4-21

4.2.6 课堂案例——制作杯子架

【案例学习目标】学习使用编辑样条线、倒角制作杯子架模型。

【案例知识要点】本例介绍使用矩形、线和圆柱体工具，结合使用编辑样条线、倒角修改器制作杯子架，观看场景模型效果，如图 4-22 所示。

【效果图文件所在的位置】随书附带光盘 Scene\cha04\杯子架.max。

图 4-22

（1）单击"■（创建）> ■（图形）> 矩形"按钮，在"前"视图中创建矩形，在"参数"卷展栏中设置"长度"为 200、"宽度"为 600，如图 4-23 所示。

（2）切换到 ■（修改）命令面板，在"修改器列表"中选择"编辑样条线"修改器，将选择集定义为"样条线"，在几何体卷展栏中单击"轮廓"按钮，在场景中拖动鼠标设置合适的轮廓，如图 4-24 所示，关闭"轮廓"按钮。

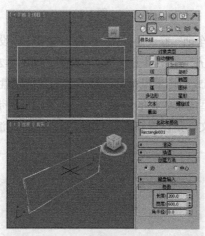

图 4-23

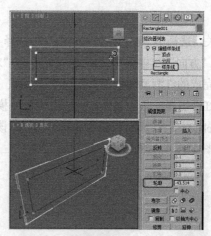

图 4-24

（3）将选择集定义为"顶点"，在"几何体"卷展栏中单击"优化"按钮，在场景中添加如图 4-25 所示的顶点。

（4）将如图 4-26 所示的顶点删除，关闭选择集。

（5）在"修改器列表"中选择"倒角"修改器，在"倒角值"卷展栏中设置"级别 1"的"高度"为 50，勾选"级别 2"设置"高度"为 3，轮廓为-3，如图 4-27 所示。

（6）单击"■（创建）> ■（几何体）> 圆柱体"按钮，在"顶"视图中创建圆柱体，设置

"半径"为 23、"高度"为 200，调整其合适的位置，如图 4-28 所示。

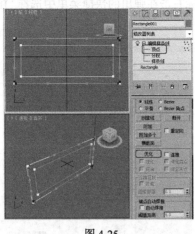

图 4-25

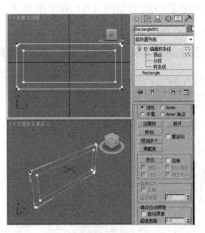

图 4-26

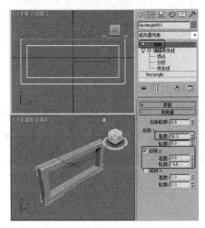

图 4-27

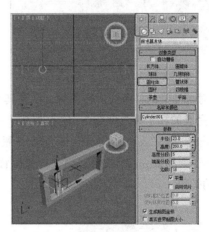

图 4-28

（7）对圆柱体进行复制调整其合适的位置，如图 4-29 所示。

（8）单击"　（创建）>　（图形）> 线"按钮，在"左"视图中创建线，在"渲染"卷展栏中勾选"在渲染中启用"和"在视口中启用"复选框，设置"厚度"为 20，如图 4-30 所示。

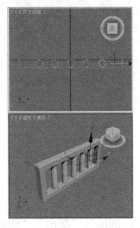

图 4-29

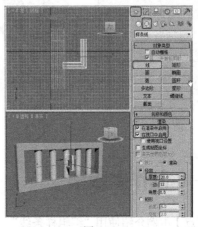

图 4-30

（9）切换到 （修改）命令面板，将选择集定义为"顶点"，在"几何体"卷展栏中单击"优化"按钮，在场景中添加如图 4-31 所示的顶点，鼠标右击在弹出的快捷菜单中选择"Bezier 角点"，调整顶点合适的角度和位置。

（10）删除如图 4-32 所示的顶点，关闭选择集。

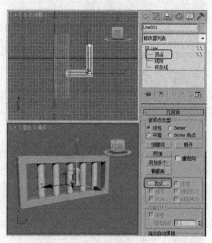

图 4-31

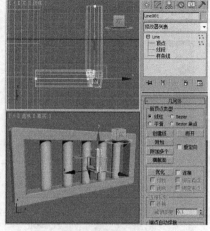

图 4-32

（11）对可渲染的样条线进行复制，调整其合适的位置，如图 4-33 所示。

（12）完成的杯子架模型如图 4-34 所示。完成的场景模型可以参考随书附带光盘"Scene > cha04 > 杯子架.max"文件。完成杯子架模型场景效果的设置，可以参考随书附带光盘中的"Scene > cha04 > 杯子架场景.max"文件，该文件是设置好场景的场景效果文件，渲染该场景可以得到图 4-22 所示的效果。

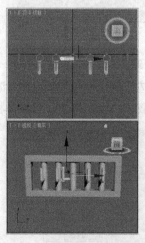

图 4-33

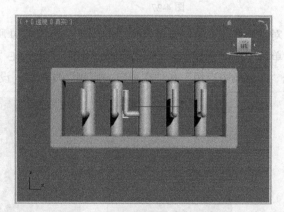

图 4-34

课堂练习——制作老板桌

【练习知识要点】本例介绍使用"编辑样条线"、"倒角剖面"、"挤出"、"倒角"修改器，制作老板桌模型，观看场景模型效果，如图 4-35 所示。

　　【效果图文件所在的位置】随书附带光盘 Scene\cha04\老板桌.max。

图 4-35

课后习题——制作厨房置物架

　　【习题知识要点】本例介绍使用编辑样条线、倒角命令制作厨房置物架模型，观看场景模型效果，如图 4-36 所示。

　　【效果图文件所在的位置】随书附带光盘 Scene\cha04\厨房置物架.max。

图 4-36

第5章

三维模型的常用修改器

通过几何体创建命令创建的三维模型往往不能完全满足效果图制作过程中的需求，因此就需要使用修改器对基础模型进行修改，从而使三维模型的外观更加符合要求。本章主要讲解了常用三维修改器的使用方法和应用技巧。通过本章内容的学习，读者可以运用常用三维修改器对三维模型进行精细的编辑和处理。

课堂学习目标

- 掌握"弯曲"修改器的使用方法
- 掌握"锥化"修改器的使用方法
- 掌握"噪波"修改器的使用方法
- 掌握"晶格"修改器的使用方法
- 掌握FFD修改器的使用方法
- 掌握"编辑网格"修改器的使用方法
- 掌握"网格平滑"修改器的使用方法
- 掌握"涡轮光滑"修改器的使用方法

5.1　"弯曲"修改器

对选择的物体进行无限度数的弯曲变形操作，并且通过 X、Y、Z 轴"轴向"控制物体弯曲的角度和方向，可以用"限制"选项组中的两个选项"上限"和"下限"限制弯曲在物体上的影响范围，通过这种控制可以使物体产生局部弯曲效果。

首先在"顶"视图中创建一个三维物体，并确认该物体处于被选中状态，然后单击"（修改）"按钮，进入"修改"命令面板，在"修改器列表"下拉列表中选择"弯曲"修改器即可。其"参数"卷展栏如图 5-1 所示。

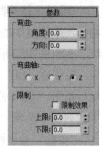

图 5-1

"参数"卷展栏介绍如下。

◉ 角度：可以在右侧的数值框中输入弯曲的角度，常用值为 0 ~ 360。

◉ 方向：可以在右侧的数值框中输入弯曲沿自身 Z 轴方向的旋转角度，常用值为 0 ~ 360。

◉ 弯曲轴："弯曲轴"选项组中有 X、Y、Z 三个轴向。对于在相同视图建立的物体，选择不同的轴向时效果也不一样。

◉ 限制效果：可以对物体指定限制效果，必须选中此复选项才可起作用。

◉ 上限：将弯曲限制在中心轴以上，在限制区域以外将不会受到弯曲的影响。常用值为 0 ~ 360。

◉ 下限：将弯曲限制在中心轴以下，在限制区域以外将不会受到弯曲影响。常用值为 0 ~ 360。

> **注意**
> 在施加"弯曲"修改器的时候，物体必须有足够的段数，否则将达不到所需要的效果。

5.2　"锥化"修改器

"锥化"修改器通过缩放物体的两端而产生锥形轮廓来修改物体，同时还可以加入平滑的曲线轮廓。允许控制锥化的倾斜度、曲线轮廓的曲度，还可以限制局部的锥化效果，并且可以实现物体的局部锥化效果。

首先在"顶"视图中创建一个三维物体，并确认该物体处于被选中状态，然后单击"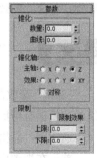（修改）"按钮，进入"修改"命令面板，在"修改器列表"下拉列表中选择"锥化"修改器即可。其"参数"卷展栏如图 5-2 所示。

图 5-2

"参数"卷展栏介绍如下。

◉ 数量：决定锥化倾斜的程度。正值向外，负值向里。

◉ 曲线：决定锥化轮廓的弯曲程度。正值向外，负值向里。

◉ 主轴：设置基本依据轴向。有 X、Y、Z 三个轴向可供选择。

◉ 效果：设置影响效果的轴向。有 X、Y、XY 三个轴向可供选择。

◉ 对称：围绕主轴产生对称锥化。锥化始终围绕影响轴对称，默认设置为禁用状态。

◉ 限制效果：对锥化效果启用上下限。

◉ 上限：以设置上部边界，此边界位于锥化中心点上方，超出此边界锥化不再影响几何体。

⊙ 下限：以设置下部边界，此边界位于锥化中心点下方，超出此边界锥化不再影响几何体。

5.3 "噪波"修改器

"噪波"修改器对物体进行"噪波"修改，可以使物体表面各点在不同方向进行随机变动，使物体产生不规则的凹凸表面，以产生凹凸不平的效果。通常用"噪波"修改器可以制作山峰、水纹、布料的褶皱等。

首先在"顶"视图中创建一个三维物体，并确认该物体处于被选中状态，然后单击"〔 〕（修改）"按钮，进入"修改"命令面板，在"修改器列表"下拉列表中选择"噪波"修改器即可。其"参数"卷展栏如图5-3所示。

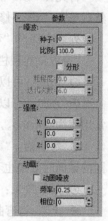

"参数"卷展栏介绍如下。

⊙ 种子：从设置的数值中生成一个随机起始点。在创建地形时尤其有用，因为每种设置都可以生成不同的配置。

⊙ 比例：设置噪波影响的尺寸。值越大，产生的影响越平滑；值越小，产生的影响越尖锐。

⊙ 分形：根据当前设置产生分形效果，默认设置为禁用状态。

⊙ 粗糙度：设置表面起伏的程度。值越大，起伏越剧烈，表面越粗糙。

⊙ 迭代次数：控制分形功能所使用的迭代（或是八度音阶）的数目。较

图 5-3

小的迭代次数使用较少的分形能量并生成更平滑的效果。迭代次数为 1.0 与禁用"分形"效果一致。范围为 1.0～10.0。默认设置为 6.0。

⊙ X、Y、Z：沿着三条轴的每一个设置噪波效果的强度。至少为这些轴中的一个输入值以产生噪波效果。默认值为 0.0、0.0、0.0。

⊙ 动画噪波：调节"噪波"和"强度"参数的组合效果。

⊙ 频率：设置正弦波的周期。调节噪波效果的速度，较高的频率使得噪波振动得更快，较低的频率产生较为平滑和更温和的噪波。

⊙ 相位：移动基本波形的开始和结束点。默认情况下，动画关键点设置在活动帧范围的任意一端。通过在"轨迹视图"单击"曲线编辑器（打开）"按钮打开中编辑这些位置，可以更清楚地看到"相位"的效果。选择"动画噪波"复选项以启用动画播放。

5.4 "晶格"修改器

"晶格"修改器将物体的边与顶点转换为新的三维物体。这种功能对于一些栅格、框架结构建筑的建模很有帮助。"晶格"修改器既可以作用于整个物体，也可以对物体局部进行操作。

通常用"晶格"修改器来制作一些骨架结构，如电视塔、信号塔、室内的支架等。

首先在视图中创建一个三维物体，并确认该物体处于被选中状态，然后单击"〔 〕（修改）"按钮，进入"修改"命令面板，在"修改器列表"下拉列表中选择"晶格"修改器即可。其"参数"卷展栏如图5-4所示。

"参数"卷展栏介绍如下。

⊙ 应用于整个对象：勾选时将影响全部物体，不勾选可以对局部起作用。

⊙ 仅来自顶点的节点：只影响顶点。

⊙ 仅来自边的支柱：只影响边。

⊙ 二者：影响边与顶点。

⊙ 半径：设置柱化截面的半径大小，即柱化的粗细程度。

⊙ 分段：设置柱化物体长度上的划分段数。

⊙ 边数：设置柱化物体截面图形的边数。

⊙ 材质 ID（支柱）：为柱化物体设置特殊的材质 ID 号。

⊙ 忽略隐藏边：只将可见的边转化为圆柱体。

⊙ 末端封口：为柱化物体两端加盖，使柱化物体成为封闭的物体。

⊙ 平滑：对柱化物体表面进行平滑处理，产生平滑的圆柱体。

⊙ 四面体、八面体、二十面体：设置以何种几何体作为顶点的基本模型，

可以选择"四面体"、"八面体"或"二十面体"3 种类型。

图 5-4

⊙ 半径：设置球化物体的大小。

⊙ 分段：设置球化物体的划分段数。值越大，面越多，物体越平滑并更接近球体。

⊙ 材质 ID（节点）：给顶点设置特殊材质的 ID 号。

⊙ 平滑：对球化物体进行表面平滑处理。

⊙ 无：不指定贴图坐标。

⊙ 重用现有坐标：使用当前物体自身的贴图坐标。

⊙ 新建：为球化物体和柱化物体指定新的贴图坐标，柱化物体的贴图坐标为柱形，球化物体的贴图坐标为球形。

  "晶格"修改器与其他的修改器有所不同，它可分别用在二维图形和三维模型上。

5.5 FFD 修改器

FFD 不仅作为空间扭曲物体，还作为基本变动修改工具，用来灵活地弯曲物体的表面，有些类似于捏泥人的手法。FFD（长方体）在视图中以带控制点的栅格长方体显示，可以移动这些控制点对长方体进行变形，绑定到 FFD（长方体）上的对象因为 FFD（长方体）将会发生变形。

FFD 是 3ds Max 中对栅格对象进行变形修改最重要的命令之一，它的优势在于通过控制点的移动使栅格对象产生平滑一致的变形。尤其适合用来制作室内效果图场景中的家具。

FFD 分为多种方式，包括 FFD2×2×2、FFD3×3×3、FFD4×4×4、FFD（长方体）和 FFD（圆柱体）。它们的功能与使用方法基本一致，只是控制点数量与控制形状略有变化。常用的是 FFD（长方体），它的控制点可以随意设置。

首先在视图中创建一个三维物体，并确认该物体处于被选中状态，然后单击"▨（修改）"按钮，进入"修改"命令面板，在"修改器列表"下拉列表中选择"FFD（长方体）"修改器即可。其"FFD 参数"卷展栏如图 5-5 所示。

"FFD 参数"卷展栏介绍如下。

⊙设置点数：单击此按钮，将弹出"设置 FFD 尺寸"对话框，在此对话框中可设置长度、宽度和高度的控制点数量。

⊙ 晶格：是否显示控制之间的黄色虚线格。

⊙ 源体积：显示变形盒的原始体积和形状。

⊙ 仅在体内：只有进入 FFD（长方体）内的物体对象顶点才受到变形的影响。

⊙ 所有顶点：物体对象无论是否在 FFD（长方体）内，表面所有顶点都受到变形影响。

⊙ 张力、连续性：调节变形曲线的张力值和连续性。虽然无法看到变形曲线，但可以实时地调节并观看效果。

⊙ 全部 X、全部 Y、全部 Z：打开时，选定一个控制点时，所有该方向上的控制点都将被选定。可以同时打开两个或三个按钮。

⊙ 重置：恢复参数的默认设置。

图 5-5

5.6 "编辑网格"修改器

"编辑网格"命令是一个针对三维物体操作的修改器，也是一个修改功能非常强大的命令，最适合创建表面复杂而又无需精度建模的模型。"编辑网格"属于"网格物体"的专用编辑工具，并可根据不同需要使用不同"子物体"和相关的命令进行编辑。

"编辑网格"给用户提供了"顶点、边、面、多边形和元素"5 种"子物体"修改方式，这样对物体的修改更加方便。

首先选中要修改的物体，然后单击"   （修改）"按钮，进入"修改"命令面板，选择"编辑网格"修改器即可。

图 5-6

编辑网格的参数共分为 4 大类，分别是"选择"、"软选择"、"编辑几何体"和"曲面属性"，如图 5-6 所示。

5 种"子物体"的解释如下。

⊙ 顶点：可以完成单点或多点的调整和修改，可对选择的单点或多点进行移动、旋转和缩放变形等操作。向外挤出选择的顶点，物体会向外凸起，向内推进选择的点，物体会向内凹入。激活此按钮，通常使用主工具栏中的   （选择并移动）、   （选择并旋转）、   （选择并均匀缩放）按钮来调整物体的形态。

⊙ 边：以物体的边作为修改和编辑的操作基础。

⊙ 面：以物体三角面作为修改和编辑的操作基础。

⊙ 多边形：以物体的方形面作为修改和编辑操作的基础。激活此按钮，该类下有 3 个非常好用的选项，分别是"编辑几何体"卷展栏下的"挤出"、"倒角"和"剪切"命令，如图 5-7 所示。

⊙ 元素：指组成整个物体的子栅格物体，可对整个独立体进行修改和编辑操作。

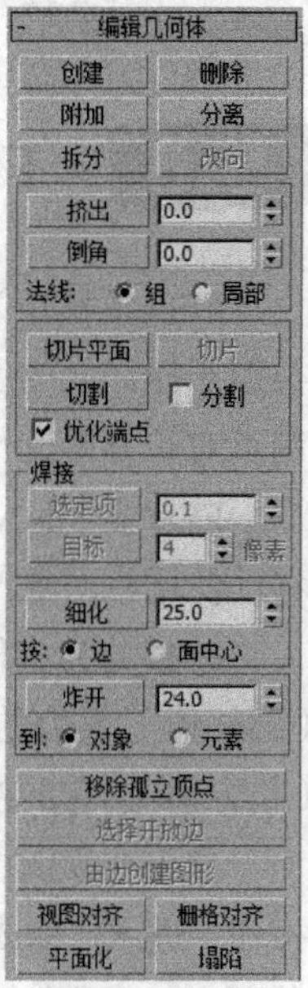

图 5-7

5.7 "网格平滑"修改器

"网格平滑"是一项专门用来给简单的三维模型添加细节的修改器,最好先用"编辑网格"修改器将模型的大致框架制作出来,然后再用"网格平滑"修改器来添加细节。

首先在视图中创建完需要进行网格平滑的三维物体,并确认该物体处于被选中状态,然后单击"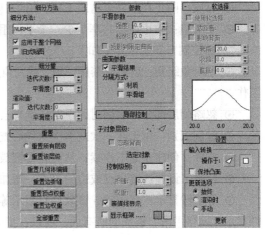(修改)"按钮,进入"修改"命令面板,在"修改器列表"下拉列表中选择"网格平滑"修改器即可。其参数面板如图 5-8 所示。

"细分方法"卷展栏介绍如下。

⊙ "细分方法"列表:选择以下控件之一可确定"网格平滑"操作的输出。

图 5-8

⊙ 应用于整个网格:启用时,在堆栈中向上传递的所有子对象选择被忽略,且"网格平滑"应用于整个对象。

⊙ 旧式贴图:使用 3ds Max 版本算法将"网格平滑"应用于贴图坐标。此方法会在创建新面和纹理坐标移动时变形基本贴图坐标。

"细分量"卷展栏介绍如下。

⊙ 迭代次数:设置网格细分的次数。增加该值时,每次新的迭代会通过在迭代之前对顶点、边和曲面创建平滑差补顶点来细分网格。默认设置为 0,范围为 0 ~ 10。

⊙ 平滑度:确定对多尖锐的锐角添加面以平滑它。计算得到的平滑度为顶点连接的所有边的平均角度。值为 0.0 会禁止创建任何面;值为 1.0 会将面添加到所有顶点,即使它们位于一个平面上。

⊙ 迭代次数:用于选择要在渲染时应用于对象的不同平滑"迭代次数"。

⊙ 平滑度:用于选择不同的"平滑度"值,以便在渲染时应用于对象。

一般,将使用较低"迭代次数"和较低"平滑度"值进行建模,使用较高值进行渲染。

"重置"卷展栏介绍如下。

⊙ 重置所有层级:将所有子对象层级的几何体编辑、折缝和权重恢复为默认或初始设置。

⊙ 重置该层级:将当前子对象层级的几何体编辑、折缝和权重恢复为默认或初始设置。

⊙ 重置几何体编辑:将对顶点或边所做的任何变换恢复为默认或初始设置。

⊙ 重置边折缝:将边折缝恢复为默认或初始设置。

⊙ 重置顶点权重:将顶点权重恢复为默认或初始设置。

⊙ 重置边权重:将边权重恢复为默认或初始设置。

⊙ 全部重置:将全部设置恢复为默认或初始设置。

"参数"卷展栏介绍如下。

⊙ 强度:使用 0.0 ~ 1.0 的范围设置所添加面的大小。

⊙ 松弛:对平滑的顶点指定松弛影响。

⊙ 投影到限定曲面：将所有点放在网格平滑结果的"限定曲面"上，即在无限次迭代后将生成的曲面。

⊙ 平滑结果：对所有曲面应用相同的平滑组。

⊙ 材质：防止在不共享材质 ID 的曲面之间的边创建新曲面。

⊙ 平滑组：防止在不共享至少一个平滑组的曲面之间的边上创建新曲面。

"局部控制"卷展栏介绍如下。

⊙ 子对象级别：启用或禁用"边"或"顶点"层级。如果两个层级都被禁用，将在对象层级工作。

⊙ 忽略朝后部分：启用时，子对象选择会仅选择使其法线在视口中可见的那些子对象。

⊙ 控制级别：用于在一次或多次迭代后查看控制网格，并在该级别编辑子对象点和边。

⊙ 折缝：创建曲面不连续，从而获得褶皱或唇状结构等清晰边界。

⊙ 权重：设置选定顶点或边的权重。增加顶点权重会朝该顶点"拉动"平滑结果。

⊙ 等值线显示：启用时，该软件只显示等值线（对象在平滑之前的原始边）。禁用时，该软件显示"网格平滑"添加的所有面。所以，提高"迭代次数"设置会导致线条数增多。默认设置为启用。

⊙ 显示框架：在细分之前，切换显示修改对象的两种颜色线框的显示。

"软选择"卷展栏介绍如下。

"软选择"控件影响子对象的"移动"、"旋转"和"缩放"功能操作。当这些处于启用状态时，3ds Max 将样条线曲线变形应用到变换的选定子对象周围的未选择顶点。这提供一种类似磁场的效果，在变换周围产生影响的球体。

"设置"卷展栏介绍如下。

⊙ "操作于"面/多边形："操作于面"将每个三角形作为面并对所有边（即使是不可见边）进行平滑。"操作于多边形"忽略不可见边，将多边形作为单个面。

⊙ 保持凸面：仅在"操作于多边形"模式下可用。选择此复选项后，可以保持所有的多边形是凸面的，防止产生一些折缝。

⊙ 始终：更改任意网格平滑设置时自动更新对象。

⊙ 渲染时：只在渲染时更新对象的视口显示。

⊙ 手动：启用手动更新。选中手动更新时，改变的任意设置直到单击"更新"按钮时才起作用。

⊙ 更新：更新视口中的对象。仅在选择"渲染时"或"手动"时才起作用。

5.8 "涡轮平滑"修改器

"涡轮平滑"修改器与"网格平滑"修改器相比，不具备对物体的编辑功能，但是有更快的操作速度。

需要注意的是，使用"网格平滑"修改器虽然在视图中操作速度较快，但是由于使用后模型面数较多会导致渲染速度降低，所以一个较为可行的办法是操作时使用"涡轮平滑"修改器，渲染时再将"涡轮平滑"修改器改为"网格平滑"修改器，当然这是针对使用此修改器次数很多的多边形而言的。

5.8.1　课堂案例——制作盘子

【案例学习目标】学习使用可编辑多边形、涡轮平滑和
壳修改器制作盘子模型。

【案例知识要点】本例介绍主要使用可编辑多边形和涡
轮平滑修改器，结合使用壳修改器制作盘子，观看场景模
型效果，如图 5-9 所示。

【效果图文件所在的位置】随书附带光盘 Scene\cha05\盘
子.max。

图 5-9

（1）单击 "   （创建）>   （几何体）> 球体" 按钮，
在 "顶" 视图中创建球体，在 "参数" 卷展栏中设置 "半径" 为 86，如图 5-10 所示。

（2）在工具栏中单击 "   （使用并均匀缩放）" 按钮，对球体进行缩放，如图 5-11 所示。

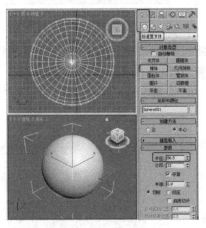
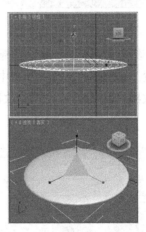

图 5-10　　　　　　　　　　　　　　　　图 5-11

（3）在场景中选择球体，右击鼠标在弹出的快捷菜单中选择 "转换为>转换为可编辑多边形"
命令，如图 5-12 所示。

（4）将选择集定义为 "多边形"，选择如图 5-13 所示的多边形，并将其删除。

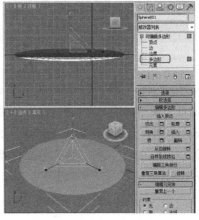

图 5-12　　　　　　　　　　　　　　　图 5-13

（5）将选择集定义为"顶点"，在场景中选择底部的顶点，如图 5-14 所示。

（6）在"编辑顶点"卷展栏中单击"移除"按钮，将选择的顶点移除，如图 5-15 所示。

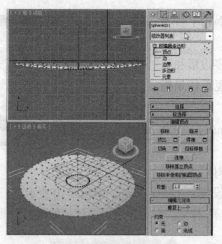
图 5-14

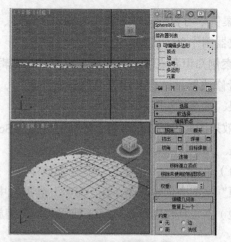
图 5-15

（7）将选择集定义为"多边形"，选择底部的多边形，在"编辑多边形"卷展栏中单击"挤出"后的"□（设置）"按钮，在弹出的小盒中设置"高度"为 10，单击"☑"按钮，如图 5-16 所示。

（8）在修改器列表中选择"壳"修改器，在"参数"卷展栏中设置"外部量"为 6，如图 5-17 所示。

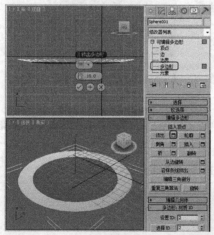
图 5-16

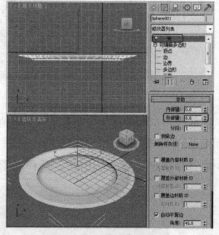
图 5-17

（9）为模型施加"涡轮平滑"修改器，使用默认的参数，如图 5-18 所示。

（10）完成的盘子模型如图 5-19 所示。完成的场景模型可以参考随书附带光盘"Scene > cha05 >盘子.max"文件。完成盘子模型场景效果的设置，可以参考随书附带光盘中的"Scene > cha05 > 制作盘子场景.max"文件，该文件是设置好场景的场景效果文件，渲染该场景可以得到图 5-9 所示的效果。

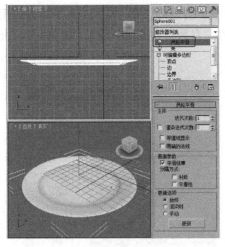

图 5-18

图 5-19

5.8.2 课堂案例——制作苹果

【案例学习目标】学习使用 FFD（圆柱体）、锥化制作苹果模型。

【案例知识要点】本例主要介绍使用"球体和圆柱体"工具，结合使用"FFD（圆柱体）、锥化"修改器制作苹果，观看场景模型效果，如图 5-20 所示。

【效果图文件所在的位置】随书附带光盘 Scene\cha05\苹果.max。

（1）单击"▦（创建）> ◎（几何体）> 球体"按钮，在"顶"视图中创建球体，在"参数"卷展栏中设置"半径"为 128，如图 5-21 所示。

图 5-20

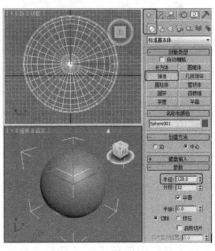

图 5-21

（2）切换到 ☑（修改）命令面板，在修改器列表中选择"FFD（圆柱体）"修改器，将选择集定义为"控制点"，在场景中调整顶部中心位置的控制点，如图 5-22 所示。

（3）在场景中选择顶部中心位置周围的控制点，在工具栏中单击"▦（使用并均匀缩放）"按钮，对控制点进行缩放并调整其合适的位置，如图 5-23 所示。

（4）在场景中选择底部中心位置的控制点，调整其合适的位置，如图 5-24 所示，关闭选择集。

（5）在修改器列表中选择"锥化"修改器，在"参数"卷展栏中设置"锥化"选项组中"数量"为 0.16，如图 5-25 所示。

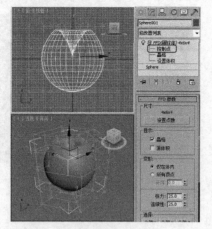

图 5-22

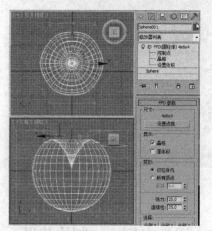

图 5-23

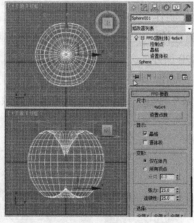

图 5-24

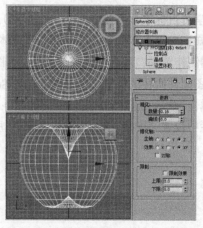

图 5-25

（6）单击"■（创建）> ○（几何体）圆柱体"按钮，在"顶"视图中创建圆柱体，在"参数"卷展栏中设置"半径"为 4、"高度"为 88、"高度分段"为 10、"端面分段"为 1、"边数"为 18，如图 5-26 所示。

（7）切换到 ◢（修改）命令面板，在修改器列表中选择"FFD（圆柱体）"修改器，将选择集定义为"控制点"，在工具栏中单击"□（使用并均匀缩放）"按钮，对控制点进行缩放，如图 5-27 所示。

（8）在工具栏中单击"○（选择并旋转）"按钮，调整控制点合适的角度和位置，如图 5-28 所示。

（9）完成的苹果模型如图 5-29 所示。完成的场景模型可以参考随书附带光盘"Scene > cha05 >苹果.max"文件。完成苹果模型场景效果的设置，可以参考随书附带光盘中的"Scene > cha05 > 苹果场景.max"文件，该文件是设置好场景的场景效果文件，渲染该场景可以得到图 5-20 所示的效果。

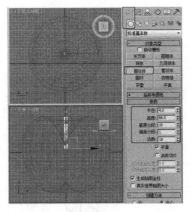

图 5-26

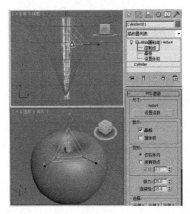

图 5-27

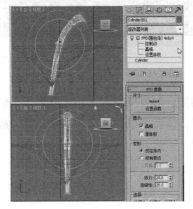

图 5-28

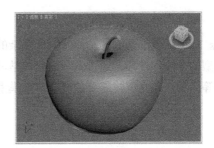

图 5-29

课堂练习——制作花盆

【练习知识要点】本例介绍主要使用"长方体"工具，结合使用"可编辑多边形、涡轮平滑"修改器制作花盆，观看场景模型效果，如图 5-30 所示。

【效果图文件所在的位置】随书附带光盘 Scene\cha05\花盆.max。

图 5-30

课后习题——制作椅子

【习题知识要点】本例介绍主要使用"球体和切角圆柱体"工具，结合使用"可编辑多边形、壳、涡轮平滑"修改器制作椅子，观看场景模型效果，如图 5-31 所示。

【效果图文件所在的位置】随书附带光盘 Scene\cha05\椅子.max。

图 5-31

第6章

复合对象模型

3ds Max 提供了强大的功能来制作复杂的复合对象模型，本章主要讲解了创建复合对象模型的方法和技巧，通过本章内容的学习，读者可以综合运用布尔运算、放样、图形合并等命令，独立创建需要的复合对象模型。

课堂学习目标

- 掌握布尔运算的方法和技巧
- 掌握放样的方法和技巧
- 掌握图形合并的方法和技巧

6.1 布尔运算

引用几何学中的布尔运算的操作原理，将两个交叠在一起的物体结合成一个布尔复合对象，完成布尔运算操作。最初的两个物体称为操作对象，而布尔物体本身就是布尔运算的结果。

6.1.1 参数面板

在视图中首先创建两个三维物体，并确认两个物体充分相交。选择其中的一个物体，单击标准基本体右侧的"▼"按钮，从下拉列表中选择"复合对象"选项，单击"对象类型"卷展栏下的"布尔"按钮，此时弹出如图 6-1 所示的参数面板。

图 6-1

"拾取布尔"卷展栏介绍如下。

⊙ "拾取操作对象 B"：此按钮用于选择用以完成布尔操作的第二个对象。

⊙ 参考：选中该单选项后，参考复制一个当前选定的物休作为布尔运算 B 物体，对原始物体进行编辑后，布尔运算 B 物体同时被修改。

⊙ 复制：选中该单选项后，复制一个当前选定的物体作为布尔运算 B 物体，对原始物体进行编辑后，布尔运算 B 物体不会被修改。

⊙ 移动：选中该单选项后，将当前选定的物体作为布尔运算 B 物体。

⊙ 实例：选中该单选项后，以关联方式复制一个选定的物体作为布尔运算 B 物体，对原始物体进行编辑后，布尔运算 B 物体同时被修改。

⊙ 操作对象：显示当前进行布尔运算操作的物体 A 和物体 B 的名称。

⊙ 名称：在操作列表中选择一个物体后，在该区域中可以对其进行重命名操作。

⊙ "拾取操作对象"按钮：提取选中操作对象的副本或实例。在列表窗口中选择一个操作对象即可启用此按钮。

 此按钮仅在"修改"命令面板中可用。如果当前为"创建"命令面板，则无法提取操作对象。

⊙ 实例、复制：指定提取操作对象的方式，即作为实例或副本提取。

⊙ 并集：选中该单选项后，将两个物体合并到一起，物体之间的相交部分被移除。

⊙ 交集：选中该单选项后，保留两个物体之间的相交部分。

⊙ 差集：选中该单选项后，用于从一个物体中减去与另一个物体的重叠部分，在相减运算过程中必须指明哪个是物体 A 和物体 B，它包含两种相减运算方式"差集（A－B）"和"差集（B－A）"，物体的顺序直接影响相减运算的结果。

⊙ 切割：选中该选项后，用于使用一个物体剪切另一个物体，类似于相减运算。但运算物体 B 不为运算物体 A 增加任何新的栅格面，而在差集运算方式中，运算物体 B 为运算物体 A 增加起封闭作用的栅格面。其中，切割的方式有 4 种，分别为"优化"、"分割"、"移出内部"和"移出外部"。

"显示/更新"卷展栏如图 6-2 所示，具体介绍如下。

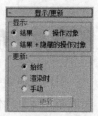

⊙ 结果：显示布尔操作的结果，即布尔对象。

⊙ 操作对象：显示操作对象，而不是布尔结果。

⊙ 更新：更新布尔对象。如果选择了"始终"单选项，则"更新"按钮
不可用。

图 6-2

注意 如果操作对象在视口中难以查看，则可以使用"操作对象"列表选择一个操作对象。单击操作对象 A 或 B 的名称即可选中它。

⊙ 结果+隐藏的操作对象：将"隐藏"的操作对象显示为线框。

⊙ 始终：更改操作对象（包括实例化或引用的操作对象 B 的原始对象）时立即更新布尔对象。这是默认设置。

⊙ 渲染时：仅当渲染场景或单击"更新"按钮时才更新布尔对象。如果采用此选项，则视口中并不始终显示当前的几何体，但在必要时可以强制更新。

⊙ 手动：仅当单击"更新"按钮时才更新布尔对象。如果采用此选项，则视口和渲染输出中并不始终显示当前的几何体，但在必要时可以强制更新。

⊙ 更新：更新布尔对象。如果选择了"始终"单选项，则"更新"按钮不可用。

6.1.2 课堂案例——制作挂画

【案例学习目标】学习使用布尔工具和可编辑多边形制作挂画模型。

【案例知识要点】本例介绍使用"长方体、布尔"工具，结合使用"可编辑多边形"修改器制作挂画，观看场景模型效果，如图 6-3 所示。

【效果图文件所在的位置】随书附带光盘 Scene\cha06\挂画.max。

（1）单击"**** （创建）> ○ （几何体）> 长方体"按钮，在"前"视图中创建长方体，作为相框模型，在"参数"卷展栏中设置"长度"为 300，"宽度"为 260，"高度"为 20，如图 6-4 所示。

图 6-3

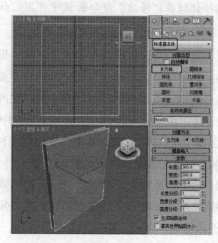

图 6-4

（2）对长方体进行复制，作为布尔模型，切换到 （修改）命令面板，在"参数"卷展栏中设置"长度"为 270，"宽度"为 230，"高度"为 20，调整其合适的位置，如图 6-5 所示。

（3）在场景中选择作为相框的模型，单击"（创建）> （几何体）> 复合对象 > 布尔"按钮，在"拾取布尔"卷展栏中选择"拾取操作对象 B"按钮，在场景中拾取布尔模型，如图 6-6 所示。

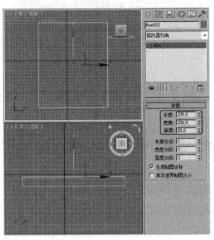
图 6-5

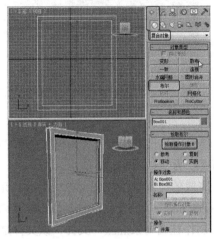
图 6-6

（4）继续创建长方体，在"参数"卷展栏中设置"长度"为 40，"宽度"为 1，"高度"为 20，作为布尔对象，调整其合适的角度和位置，如图 6-7 所示。

（5）在场景中"实例"复制创建的布尔对象模型，调整其合适的角度和位置，如图 6-8 所示。

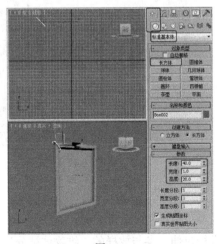
图 6-7

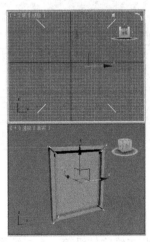
图 6-8

（6）选择其中一个布尔对象，将其转换为"可编辑多边形"，在"编辑几何体"卷展栏中单击"附加"按钮，在场景中将复制出的模型附加到一起，如图 6-9 所示，关闭"附加"按钮。

（7）在场景中选择作为相框的模型，单击"（创建）> （几何体）> 复合对象 > 布尔"按钮，在"拾取布尔"卷展栏中选择"拾取操作对象 B"按钮，在场景中拾取附加到一起的模型，如图 6-10 所示。

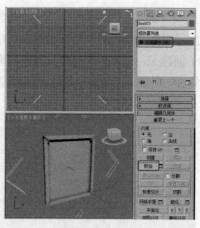

图 6-9

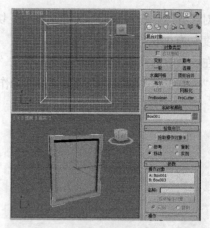

图 6-10

（8）继续创建长方体，作为画模型，在"参数"卷展栏中设置"长度"为 270，"宽度"为 230，"高度"为 2，如图 6-11 所示。

（9）完成的挂画模型如图 6-27 所示。完成的场景模型可以参考随书附带光盘 "Scene > cha06 >挂画.max"文件。完成挂画模型场景效果的设置，可以参考随书附带光盘中的"Scene > cha06 > 制作挂画场景.max"文件，该文件是设置好场景的场景效果文件，渲染该场景可以得到图 6-12 所示的效果。

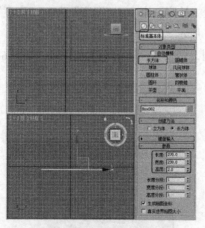

图 6-11

图 6-12

6.2　放样

放样就是将二维物体沿着一个二维物体进行拉伸。参与放样的二维物体被分为两部分：被拉伸的一个或多个二维物体，作为放样物体的横截面；以一个二维物体做路径。将横截面沿着路径排列，在这些横截面之间生成表面，形成三维物体。

在 3ds Max 2012 中，用做横截面的二维物体称为"图形"，当作路径的二维物体称为"路径"。路径只有一个，可以是断开的曲线，也可以是封闭的二维物体。图形可以是单个也可以是多个。

"创建方法"卷展栏的参数选项确定放样模型的创建方法，以及放样模型与截面、路径的关系，如图 6-13 所示。

图 6-13

"创建方法"卷展栏介绍如下。

⊙ 获取路径：当选择完截面后，单击此按钮，就可以在视图中去选择将要作为路径的线形，从而完成放样的过程。

⊙ 获取图形：当选择完路径后，单击此按钮，就可以在视图中选择将要作为截面的线形，从而完成放样的过程。

⊙ 移动、复制、实例：确定路径、截面与放样产生的模型之间的关系。一般使用默认的"实例"选项，用"实例"的方式生成放样对象后，可以通过修改生成放样对象的样条线来方便地修改放样对象。

"曲面参数"卷展栏的参数主要用来调整放样模型表面的类型、平滑方式及程度、贴图坐标等，如图 6-14 所示。

图 6-14

"曲面参数"卷展栏介绍如下。

⊙ 平滑长度：在路径方向上平滑放样表面。

⊙ 平滑宽度：在截面圆周方向上平滑放样表面。

⊙ 应用贴图：控制放样贴图坐标，选中此复选项，系统会根据放样对象的形状自动赋予贴图大小。

⊙ 真实世界贴图大小：控制应用于该对象的纹理贴图材质所使用的缩放方法。缩放值由位于应用材质的"坐标"卷展栏中的"使用真实世界比例"设置控制。默认设置为禁用状态。

⊙ 长度重复：设置沿着路径的长度重复贴图的次数。贴图的底部放置在路径的第一个顶点处。

⊙ 宽度重复：设置围绕横截面图形的周界重复贴图的次数。贴图的左边缘将与每个图形的第一个顶点对齐。

⊙ 规格化：启用该选项后，将忽略顶点。将沿着路径长度并围绕图形平均应用贴图坐标和重复值。如果禁用，主要路径划分和图形顶点间距将影响贴图坐标间距。将按照路径划分间距或图形顶点间距成比例应用贴图坐标和重复值。

⊙ 生成材质 ID：在放样期间生成材质 ID。

⊙ 使用图形 ID：提供使用样条线材质 ID 来定义材质 ID 的选择。

⊙ 面片：放样过程可生成面片对象。

⊙ 网格：放样过程可生成网格对象。这是默认设置，在 3ds Max 3 之前的版本中，只有输出类型可用于放样。还可以在右击鼠标弹出的快捷菜单中选择"转换为 > 转换为 NURBS"命令，从而将放样模型转换为 NURBS 对象。

"路径参数"卷展栏的参数确定路径上不同的位置点，如图 6-15 所示。

"路径参数"卷展栏介绍如下。

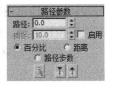

图 6-15

⊙ 路径：通过输入值或单击"微调"按钮来设置路径的级别。如果"捕捉"处于启用状态，该值将变为上一个捕捉的增量。该路径值依赖于所选择的测量方法，更改测量方法将导致路径值的改变，具体的参数含义由"百分比"、"距离"和"路径层次"来决定。

⊙ 捕捉：用于设置沿着路径图形之间的恒定距离。该捕捉值依赖于所选择的测量方法。更改测量方法也会更改捕捉值以保持捕捉间距不变。若选择为 20，然后选择"启用"复选项，则路径参数栏的数值将以 20 为单位进行变化。

⊙ 百分比：将路径级别表示为路径总长度的百分比。

⊙ 距离：将路径级别表示为路径第一个顶点的绝对距离。

⊙ 路径步数：将图形置于路径步数和顶点上，而不是作为沿着路径的一个百分比或距离。

⊙ ▶（拾取图形）按钮：将路径上的所有图形设置为当前级别。当在路径上拾取一个图形时，将禁用"捕捉"，且路径设置为拾取图形的级别，会出现黄色的 X。

⊙ ⬆（上一个图形）按钮：从路径级别的当前位置上沿路径跳至上一个图形上。黄色 X 出现在当前级别上。单击此按钮可以禁用"捕捉"。

⊙ ⬆（下一个图形）按钮：从路径层级的当前位置上沿路径跳至下一个图形上。黄色 X 出现在当前级别上。单击此按钮可以禁用"捕捉"。

"蒙皮参数"卷展栏中的参数选项主要用来设置放样模型在各个方向上的段数以及表皮结构，如图 6-16 所示。

"蒙皮参数"卷展栏介绍如下。

图 6-16

⊙ 封口始端：如果启用，则路径第一个顶点处的放样端被封口。如果禁用，则放样端为打开或不封口状态。默认设置为启用。

⊙ 封口末端：如果启用，则路径最后一个顶点处的放样端被封口。如果禁用，则放样端为打开或不封口状态。默认设置为启用。

⊙ 变形：按照创建变形目标所需的可预见且可重复的模式排列封口面。变形封口能产生细长的面，与那些采用栅格封口创建的面一样，这些面也不进行渲染或变形。

⊙ 栅格：在图形边界处修剪的矩形栅格中排列封口面。此方法将产生一个由大小均等的面构成的表面,这些面可以被其他修改器很容易地变形。

⊙ 图形步数：设置横截面图形的每个顶点之间的步数。该值会影响围绕放样周界的边的数目。值越大截面圆周方向段数越多，表面越平滑。

⊙ 路径步数：设置路径的每个主分段之间的步数。该值会影响沿放样长度方向的分段的数目。值越大，路径方向段数越多，表面越平滑。

⊙ 优化图形：此选项功能能自动将截面图形中直线段数的步数设置为 0，可以大大地减少放样物体的面数，加快计算机的运行速度。

⊙ 优化路径：如果启用，则对于路径的直线线段，忽略"路径步数"。"优化步数"设置仅适用于弯曲截面，且仅在"路径步数"模式下才可用。默认设置为禁用状态。

⊙ 自适应路径步数：如果启用，则分析放样，并调整路径分段的数目，以生成最佳蒙皮。主分段将沿路径出现在路径顶点、图形位置和变形曲线顶点处。如果禁用，则主分段将沿路径只出现在路径顶点处。默认设置为启用。

⊙ 轮廓：如果启用，则每个图形都将遵循路径的曲率。每个图形的正 Z 轴与形状层级中路径的切线对齐。如果禁用，则图形保持平行，且与放置在层级 0 中的图形保持相同的方向。默认设置为启用。

⊙ 倾斜：如果启用，则只要路径弯曲并改变其局部 Z 轴的高度，图形便围绕路径旋转，倾斜量由 3ds Max 控制。如果是 2D 路径，则忽略该选项。如果禁用，则图形在穿越 3D 路径时不会围绕其 Z 轴旋转。默认设置为启用。

⊙ 恒定横截面：如果启用，则在路径中的角处缩放横截面，以保持路径宽度一致。如果禁用，则横截面保持其原来的局部尺寸，从而在路径角处产生收缩效果。

⊙ 线性差值：如果启用，则使用每个图形之间的直边生成放样蒙皮。如果禁用，则使用每个图形之间的平滑曲线生成放样蒙皮。默认设置为禁用状态。

⊙ 翻转法线：如果启用，则将法线翻转180°。可使用此选项来修正内部外翻的对象。默认设置为禁用状态。

⊙ 四边形的边：如果启用该选项，且放样对象的两部分具有相同数目的边，则将两部分缝合到一起的面将显示为四方形。具有不同边数的两部分之间的边将不受影响，仍与三角形连接。默认设置为禁用状态。

⊙ 变换降级：使放样蒙皮在子对象图形/路径变换过程中消失。例如，移动路径上的顶点使放样消失。如果禁用，则在子对象变换过程中可以看到蒙皮。默认设置为禁用状态。

⊙ 表皮：如果启用，则使用任意着色层在所有视图中显示放样的蒙皮，并忽略"着色视图中的蒙皮"设置。如果禁用，则只显示放样子对象。默认设置为启用。

⊙ 着色视图中的蒙皮：如果启用，则忽略"蒙皮"设置，在着色视图中显示放样的蒙皮。如果禁用，则根据"蒙皮"设置来控制蒙皮的显示。默认设置为启用。

放样功能之所以灵活，不仅仅在于可以通过它使二维图形产生"厚度"，更重要的是放样自带了5个功能强大的修改命令，通过它们可以实现对放样对象的截面进行随意修改，分别为"缩放"、"扭曲"、"倾斜"、"倒角"和"拟合"，如图6-17所示。

"变形"卷展栏介绍如下。

缩放：放样的截面图在 X、Y 轴向上的缩放变形。

扭曲：放样的截面图在 X、Y 轴向上的扭曲变形。

倾斜：放样的截面图在 Z 轴向上的倾斜变形。

倒角：放样的模型产生倒角变形。

拟合：进行拟合放样建模，功能无比强大。

图 6-17

6.3 图形合并

使用"图形合并"命令来创建包含网格对象和一个或多个图形的复合对象。这些图形嵌入在网格中（将更改边与面的模式），或从网格中消失。

在视图中创建一个网格对象和一个或多个图形。然后在视图中对齐图形，使它们朝网格对象的曲面方向进行投射。选择网格对象，然后单击标准基本体右侧的"▼"按钮，从下拉列表中选择"复合对象"选项，单击"对象类型"卷展栏下的"图形合并"按钮，弹出如图6-18所示的卷展栏。

"拾取操作对象"卷展栏介绍如下。

⊙ 拾取图形：单击该按钮，然后单击要嵌入网格对象中的图形。此图形沿图形局部负 Z 轴方向投射到网格对象上。可以重复此过程来添加图形，图形可沿不同方向投射。只需再次单击"拾取图形"按钮，然后拾取另一图形。

⊙ 参考、复制、移动、实例：指定如何将图形传输到复合对象中。

⊙ "操作对象"列表：在复合对象中列出所有操作对象。第一个操作对象是网格对象，以下是任意数目的基于图形的操作对象。

图 6-18

- ⊙ 删除图形：从复合对象中删除选中图形。
- ⊙ 提取操作对象：提取选中操作对象的副本或实例。在列表框中选择操作对象使此按钮可用。
- ⊙ 实例、复制：指定如何提取操作对象。
- ⊙ 饼切：切去网格对象曲面外部的图形。
- ⊙ 合并：将图形与网格对象曲面合并。
- ⊙ 反转：反转"饼切"或"合并"效果。
- ⊙ 无：输出整个对象。
- ⊙ 面：输出合并图形内的面。
- ⊙ 边：输出合并图形的边。
- ⊙ 顶点：输出由图形样条线定义的顶点。

"显示/更新"卷展栏如图 6-19 所示，具体介绍如下。

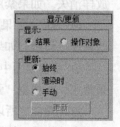

- ⊙ 结果：显示操作结果。
- ⊙ 操作对象：显示操作对象。
- ⊙ 始终：始终更新显示。
- ⊙ 渲染时：仅在场景渲染后更新显示。
- ⊙ 手动：仅在单击"更新"按钮后更新显示。
- ⊙ 更新：当选中除"始终"之外的任一单选项时更新显示。

图 6-19

课堂练习——制作圆桌布

【练习知识要点】本例介绍使用"圆、线、平面、放样"工具，结合使用"cloth"修改器制作圆桌布，观看场景模型效果，如图 6-20 所示。

【效果图文件所在的位置】随书附带光盘 Scene\cha06\圆桌布.max。

图 6-20

课后习题——制作移动柜

【习题知识要点】本例介绍使用"长方体、切角长方体、切角圆柱体、线、弧、ProBoolean"工具，结合使用"编辑多边形"修改器制作移动柜，观看场景模型效果，如图 6-21 所示。

【效果图文件所在的位置】随书附带光盘 Scene\cha06\移动柜.max。

图 6-21

第7章
材质与贴图

在现实生活中，物体都具有某些属性，像颜色、花纹、发光度、反光度、透明度等，一般称之为材质。本章主要讲解物体材质与贴图的制作方法和应用技巧，通过本章内容的学习，读者可以将需要的材质和贴图应用在三维物体上，让物体产生逼真的质感和光泽。

课堂学习目标

● 了解材质的特点和性质
● 掌握材质编辑器编辑方法和材质贴图应用方法

7.1 材质的概述

材质是什么呢？从严格意义上来讲，"材质"实际上就是 3ds Max 系统对真实物体视觉效果的表现，而这种视觉效果又通过颜色、质感、反光、折光、透明性、自发光、表面粗糙程度、肌理纹理结构等诸多要素显示出来。这些视觉要素都可以在 3ds Max 中用相应的参数或选项来进行设定，各项视觉要素的变化和组合使物体呈现出不同的视觉特性。在场景中所观察到的，以及制作的材质就是这样一种综合的视觉效果。

材质就是指对真实材料视觉效果的模拟，场景中的三维对象本身不具备任何表面性，创建完物体后它只是用颜色表现出来，自然也就不会产生与现实材料相一致的视觉效果。要产生与生活场景一样丰富多彩的视觉效果，可以通过材质的模拟来做到，使模型呈现出真实材料的视觉特征，具有真实感，这样制作的效果图才会更接近于现实效果。

7.2 认识材质编辑器

材质编辑器是一个浮动的对话框，用于设置不同类型和属性的材质与贴图效果，并将设置的结果赋予场景中的物体。在工具栏中单击"圖（材质编辑器）"按钮或按 M 键，弹出"材质编辑器"窗口，如图 7-1 所示。

7.2.1 材质类型

单击"材质编辑器"中的"Standard（标准）"按钮，可以打开"材质/贴图浏览器"对话框，如图 7-2 所示。3ds Max 2012 提供了 16 种材质类型，常用的材质并不是很多，只有标准、混合、多维/子对象和无光/投影。

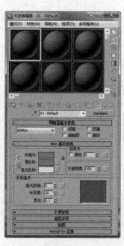

图 7-1

图 7-2

1．标准材质

标准材质是材质的最基本形式。在默认状态下，材质编辑器自动将材质类型设定为标准材质状态。标准材质的参数设置主要包括明暗器基本参数、Blinn 基本参数、扩展参数、贴图等。

（1）明暗器基本参数。"明暗器本参数"卷展栏主要是选择材质的质感、物体是否以线框的方式进行渲染等功能，如图 7-3 所示。

左侧为"着色模式"下拉列表，可以在此选择不同的材质渲染着色模式，也就是确定材质的基本性质。对于不同的着色模式，其下的参数面板也会有所不同。材质的着色模式是指材质在渲染过程中处理光线照射下物体表面的方式。3ds Max 提供了 8 种明暗类型：（A）各向异性、Blinn（胶性）、金属、多层、Oren-Nayar-Blinn（砂面凹凸胶性）、Phong（塑性）、Strauss（杂性）和半透明明暗器，如图 7-4 所示。

图 7-3　　　　　　　　　　　图 7-4

（2）Blinn 基本参数。不同的着色类型，相应地有不同的基本参数，但基本上相差不大。Blinn 基本参数包括 Blinn（胶性）、金属、Oren-Nayar-Blinn（砂面凹凸胶性）和 Phong（塑性），参数如图 7-5 所示。

（3）扩展参数。主要是对材质的透明、反射和线框属性作进一步设置，如图 7-6 所示。

（4）贴图。选择不同的明暗类型，可以设置的贴图方式的数目也不同。很多贴图方式在效果制作中用得很少，在本节中仅介绍效果图制作中经常用到的漫反射颜色、自发光、不透明度、凹凸、反射和折射 6 种贴图方式。参数面板如图 7-7 所示。

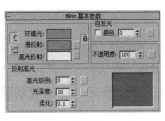

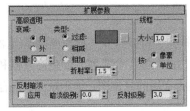

图 7-5　　　　　　　　　图 7-6　　　　　　　　　图 7-7

2．混合材质

混合材质可以将两种不同的材质融合在一起，根据融合度的不同，控制两种材质表现出的强度，并且可以制作成材质变形的动画；另外还可以指定一张图像作为融合的遮罩，利用它本身的明暗度来决定两种材质融合的程度。

按 M 键，打开"材质编辑器"，单击"Standard（标准）"按钮，打开"材质/贴图浏览器"对话框，选择"混合"材质，单击"确定"按钮。在弹出的"替换材质"对话框中，单击"确定"按钮，即可进入"混合基本参数"面板，如图 7-8 所示。

3．多维/子对象材质

此材质类型可以将多个材质组合到一个材质中，这样可以使一个物体根据其子物体的 ID 号同时拥有多个不同的材质。另外，通过为物体加入"材质"修改命令，可以在一组不同的物体之间分配 ID 号，从而享有同一"多维/子对象"材质的不同子材质。

按 M 键，在打开的"材质编辑器"中单击"Standard（标准）"按钮，打开"材质/贴图浏览器"对话框，选择"多维/子对象"材质，单击"确定"按钮。在弹出的"替换材质"对话框中，直接单击"确定"按钮，就可以进入"多维/子对象基本参数"面板，如图 7-9 所示。

4．无光/投影材质

使用"无光/投影"材质可将整个对象（或面的任何子集）转换为显示当前背景颜色或环境贴图的无光对象。也可以从场景中的非隐藏对象中接收投射在照片上的阴影。使用此技术，通过在背景中建立隐藏代理对象并将它们放置于简单形状对象前面，可以在背景上投射阴影。

按 M 键，在打开的"材质编辑器"中单击"Standard（标准）"按钮，打开"材质/贴图浏览器"对话框，选择"无光/投影"材质，单击"确定"按钮，进入"无光/投影"面板，如图 7-10 所示。

图 7-8　　　　　　图 7-9　　　　　　图 7-10

7.2.2　贴图类型

单击"漫反射"右面的 ██ 按钮，可以打开"材质/贴图浏览器"对话框，如图 7-11 所示。其中将材质和贴图分为 2D 贴图、3D 贴图、合成器、颜色修改器和其他。默认为"全部"，3ds Max 系统提供了 44 种贴图类型，最为常用的是位图、细胞贴图、混合、衰减、渐变、噪波、光线跟踪、输出。

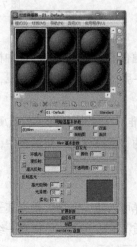

图 7-11

1．位图贴图

"位图"贴图是 3ds Max 程序贴图中最常用的贴图类型，"位图"贴图支持多种图像格式，包括*.gif、*.jpg、*.psd、*.tif 等图像，因此可以将实际生活中模型的照片图像作为位图使用，如大理石图片、木纹图片等。调用这种位图可以真实地模拟出实际生活中的各种材料。如果在贴图面板上选用了一幅位图贴图（如：地毯.jpg），"位图参数"卷展栏如图 7-12 所示。

2．细胞贴图

"细胞"贴图可以产生马赛克、鹅卵石、细胞壁等随机序列贴图效果，还可以模拟出海洋的效果。在调节时要注意示例窗中的效果不是很清晰，最好赋予物体后渲染进行调节。表现的效果如图 7-13 所示。

按 M 键，打开"材质编辑器"，在"贴图"卷展栏中单击"漫反射颜色"后的"None"按钮，在弹出的"材质/贴图浏览器"对话框中双击"细胞"贴图，进入"细胞"贴图层级面板。"细胞参数"卷展栏如图 7-14 所示。

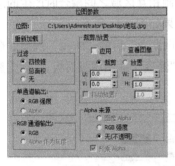

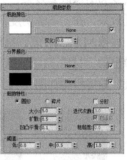

图 7-12　　　　　　　　　　图 7-13　　　　　　　　　　图 7-14

3．混合

"混合"贴图可以将两种颜色或材质合成在曲面的一侧，也可以将"混合量"参数设为动画，然后绘制出使用变形功能曲线的贴图，来控制两个贴图随时间混合的方式。如图 7-15 所示，左侧和中间的图像为混合的图像，右侧的为设置"混合量"为 50%后的图像效果。

按 M 键，打开"材质编辑器"，在"贴图"卷展栏中单击"漫反射颜色"后的"None"按钮，在弹出的"材质/贴图浏览器"对话框中双击"混合"贴图，进入"混合"贴图层级面板。"混合参数"卷展栏如图 7-16 所示。

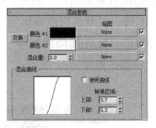

图 7-15　　　　　　　　　　　　　　　图 7-16

4．衰减贴图

"衰减"贴图可以产生由明到暗的衰减影响，作用于"不透明度"、"自发光"、"过滤色贴图"等。它主要产生一种透明衰减效果，强的地方透明，弱的地方不透明，近似与标准材质的"透明衰减"影响，只是控制的能力更强。

"衰减"贴图作为不透明贴图，可以产生出透明衰减影响；将它作用于发光贴图，可以产生光晕效果，常用于制作霓虹灯、太阳光、发光灯笼，它还常用于"蒙版"和"混合"贴图，用来制作多个材质渐变融合或覆盖的效果。

按 M 键，打开"材质编辑器"，在"贴图"卷展栏中单击"漫反射颜色"后的"None"按钮，在弹出的"材质/贴图浏览器"对话框中双击"衰减"贴图，进入"衰减"贴图层级面板。"衰减参数"卷展栏如图 7-17 所示。

图 7-17

5．渐变贴图

"渐变"贴图可以产生 3 个色彩（或 3 个贴图）的渐变过渡效果，它有线性渐变和放射渐变两种类型，3 个色彩可以随意调节，相互区域比例的大小也可调节。通过贴图可以产生无限级别的渐变和图像嵌套效果，另外自身还有"噪波"参数可调，用于控制相互区域之间融合时产生的杂乱效果。在"不透明度"中使用可产生一些光的效果。表现的效果如图 7-18 所示。

按 M 键，打开"材质编辑器"，在"贴图"卷展栏中单击"自发光"后的"None"按钮，在弹出的"材质/贴图浏览器"对话框中双击"渐变"贴图，进入"渐变"贴图层级面板。"渐变参数"卷展栏中如图 7-19 所示。

图 7-18　　　　　　　　　　　　　　　　　　图 7-19

6．噪波贴图

"噪波"贴图是使用比较频繁的贴图类型，通过两种颜色的随机混合，产生一种噪波效果，常用于无序贴图效果的制作。表现的效果如图 7-20 所示。

按 M 键，打开"材质编辑器"，在"贴图"卷展栏中单击"漫反射颜色"后的"None"按钮，在弹出的"材质/贴图浏览器"对话框中双击"噪波"贴图，进入"噪波"贴图层级面板。"噪波参数"卷展栏如图 7-21 所示。

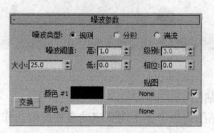

图 7-20　　　　　　　　　　　　　　　图 7-21

7. 光线跟踪贴图

"光线跟踪"贴图提供完全的反射和折射效果，大大优越于"反射/折射"贴图，但渲染时间相对来说更长，可以通过排除功能对场景进行优化计算从而节省一定时间。

"光线跟踪"贴图常用于表现玻璃、大理石、金属等带有"反射/折射"的材料。

"光线跟踪"贴图可以与其他贴图类型一同使用，可以用于任何种类的材质。它一般在"反射"贴图通道中使用，来表现带有反射的材质。

按 M 键，打开"材质编辑器"，在"贴图"卷展栏中，单击"反射"后的"None"按钮，在弹出的"材质/贴图浏览器"对话框中双击"光线跟踪"贴图，进入"光线跟踪"贴图级别。参数面板如图 7-22 所示。

8. 输出

该材质是用来弥补某些无输出设置的贴图类型，对于"位图"类型，系统已经提供了"输出"设置，用来控制位图的亮度、饱和度和反转等基本输出调节。

按 M 键，打开"材质编辑器"，在"贴图"卷展栏中，单击"反射"后的"None"按钮，在弹出的"材质/贴图浏览器"对话框中双击"输出"贴图，材质进入到"输出"层级命令面板。"输出参数"卷展栏如图 7-23 所示。

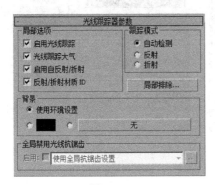

图 7-22

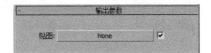

图 7-23

7.2.3　Vray 材质的介绍

Vray 是目前最优秀的渲染插件之一。尤其是在产品渲染和室内外效果图制作中，Vray 几何可以称得上是速度最快、渲染效果数一数二的渲染软件极品。

Vray 渲染器的材质类型较多，3ds Max2012 材质系统中标准材质，通过 Vray 材质也可以进行漫反射、反射、折射、透明、双面等等基本设置，但该材质类型必需在当前渲染器类型为 Vray 时材质使用，而贴图系统中 Vray 贴图类似于 3ds Max2012 贴图系统中的光线跟踪贴图，只是功能更加强大。

在进入 3ds Max 中设置使用 Vray 渲染器之前，首先介绍一下如何加载和设置 Vray 渲染器。

首先在工具栏中单击 " （渲染设置）"按钮，在弹出的"渲染设置"窗口中选择"公用"选项卡，单击"指定渲染器"卷展栏中"产品级"后的灰色按钮，在弹出的对话框中选择"Vray 渲染器"，如图 7-24 所示。

这样场景就可以使用 Vray 渲染器了，如图 7-25 所示的 Vray 的渲染设置。

图 7-24   图 7-25

如图 7-26、7-27 所示的贴图和材质的"材质/贴图浏览器"对话框。

将材质指定为 Vray 材质可以选择单击"Standard"按钮，在弹出的"材质/贴图浏览器"中选择"VrayMatl 材质"，这样即可将材质转换为 Vray 材质，如图 7-28 所示。

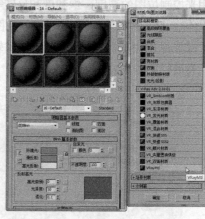

图 7-26   图 7-27   图 7-28

7.2.4 课堂案例——制作不锈钢材质

【案例学习目标】学习金属材质的设置。

【案例知识要点】金属材质的表现难点在于如何表现金属的硬度，以及金属本身的反射强度。本例将借助一个案例来学习不锈钢材质的表现方法，效果如图7-29 所示。

【效果图文件所在的位置】随书附带光盘 Scene\cha07\制作不锈钢材质.max。

（1）打开随书附带光盘中的"Scene > Cha07 > 制作不锈钢材质.Max"文件，如图 7-30 所示。

图 7-29

（2）渲染打开的场景如图 7-31 所示。

（3）在场景中选择需要指定材质的模型，在工具栏中单击"⬛（材质编辑器）"按钮，打开"材质编辑器"窗口，选择一个新的材质样本球，为其命名"不锈钢"，单击"standard"按钮，在弹出的"材质/贴图浏览器"对话框中选择"VrayMatl 材质"，单击"确定"按钮，如图 7-32 所示。

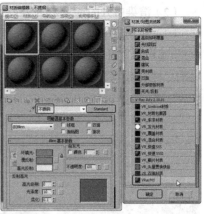

　　　图 7-30　　　　　　　　　　　图 7-31　　　　　　　　　　　图 7-32

　　（4）在"基本参数"卷展栏中设置"漫反射"的红、绿、蓝值分别为 70、70、70；设置"反射"的红、绿、蓝值分别为 160、160、160，设置"反射光泽度"为 0.95，"细分"为 6，如图 7-33 所示。

　　（5）单击" "（将材质指定给选定对象）"按钮，将材质指定给场景中选定的模型，渲染场景如图 7-34 所示。

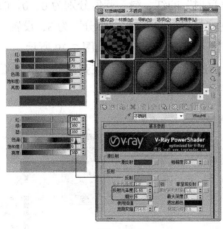

　　　　　图 7-33　　　　　　　　　　　　　　图 7-34

7.2.5　课堂案例——制作玻璃材质

【案例学习目标】学习玻璃材质的设置。

【案例知识要点】本例介绍玻璃材质的设置，玻璃材质是制作效果图中经常作为装饰材质的设置，如图 7-35 所示。

【效果图文件所在的位置】随书附带光盘 Scene\cha07\制作玻璃材质.max。

　　（1）打开随书附带光盘中的"Scene > Cha07 > 制作玻璃材质.Max"文件，如图 7-36 所示。

图 7-35

（2）渲染打开的场景如图 7-37 所示。

（3）在场景中选择需要指定材质的模型，在工具栏中单击"⬚（材质编辑器）"按钮，打开"材质编辑器"窗口，选择一个新的材质样本球，为其命名"玻璃"，单击"standard"按钮，在弹出的"材质/贴图浏览器"对话框中选择"VrayMatl 材质"，单击"确定"按钮，如图 7-38 所示。

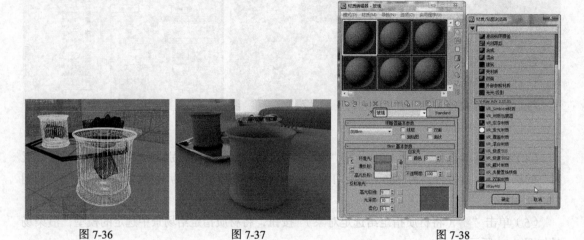

图 7-36　　　　　　　　　　图 7-37　　　　　　　　　　图 7-38

（4）在"基本参数"卷展栏中设置"漫反射"的红、绿、蓝值分别为 0、0、0；设置"反射"的红、绿、蓝分别为 254、254、254，"反射光泽度"为 0.98，"细分"为 3；设置"折射"的红绿蓝分别为 250、250、250，"细分"为 50，"折射率"为 1.517，如图 7-39 所示。

（5）在"贴图"卷展栏中单击"反射"后的"None"按钮，在弹出的"材质/贴图浏览器"中选择"衰减"贴图，单击"确定"按钮，图 7-40 所示。

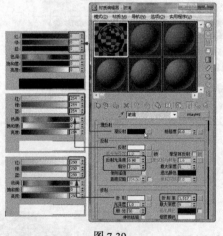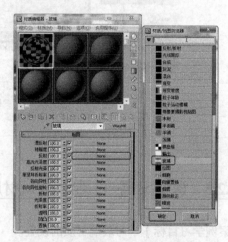

图 7-39　　　　　　　　　　　　　　　　　　图 7-40

（6）进入"反射"贴图层级，在"衰减参数"卷展栏中设置"前"第一个色块颜色的红、绿、蓝值分别为 25、25、25，设置"衰减类型"为 Fresnel，取消"覆盖材质 IOR"的勾选，如图 7-41 所示。

（7）单击"⬚（将材质指定给选定对象）"按钮，将材质指定给场景中的选定的模型，渲染场景如图 7-42 所示。

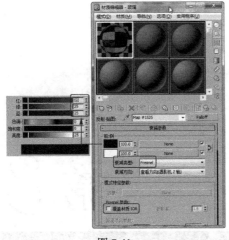
图 7-41

图 7-42

课堂练习——制作木纹材质

【练习知识要点】木材质主要是表现木纹纹理，木材质的关键是在选择的木纹贴图上，下面我们将以实例的形式介绍木材质的设置，效果如图 7-43 所示。

【效果图文件所在的位置】随书附带光盘 Scene\cha07\制作木纹材质.max。

图 7-43

课后习题——制作真皮材质

【习题知识要点】真皮材质的特点主要表现在漫反射、反射和凹凸上，效果如图 7-44 所示。

【效果图文件所在的位置】随书附带光盘 Scene\cha07\制作真皮材质.max。

图 7-44

第8章

灯光

在效果图制作过程中，灯光起着举足轻重的作用，空间层次、材质质感、氛围都要靠灯光来体现，同时灯光的设置难度也是相当大的。本章主要讲解了灯光的设置方法和应用技巧，通过本章内容的学习，读者可以掌握灯光的基本参数和布光原则，了解现实中光源的特性及光线传递的特点，可以把握好灯光的设置，处理好光与影的关系，制作出精美的效果图。

课堂学习目标

- 了解灯光的功能和特性
- 掌握标准灯光的使用方法
- 掌握光度学灯光的使用方法
- 掌握 VRay 灯光的使用方法

8.1 灯光的概述

灯光在效果图中起着举足轻重的作用。任何一个好的室内设计空间，如果没有配合适当的灯光照明，那就不算是一个完整的设计。细心分析每一个出色的空间结构，不难发现，灯光是一个十分重要的设计元素。在每个项目的设计过程中，灯光的效果最容易受到其他外来因素的影响。例如，从窗外引进的阳光、家具的颜色、饰面的反光度、空间的功能等，再加上人们在空间移动所产生的不同视觉方向等，这些因素都会令最后的灯光效果起无穷无尽的变化。

无论使用那一种类型的灯光来设置，最终的目的是得到一个真实而生动的效果。一幅出色的效果图需要恰到好处的灯光效果，3ds Max 中的灯光比现实中的灯光优越得多，可以随意调节亮度、颜色，可以随意设置它能否穿透对象或是投射阴影，还能设置它要照亮哪些对象而不照亮哪一些对象。

既然选择用 VR 渲染器，很多场景就应该使用"VR 灯光"来进行布光，可以配合"标准灯光"和"光度学灯光"。

8.2 3ds Max 中的灯光

下面介绍 3ds Max 中的默认灯光——标准灯光、光度学灯光，并介绍 Vray 灯光的使用。

8.2.1 标准灯光

单击 ✳（创建）命令面板上的"◤（灯光）"按钮，面板中将显示 8 种标准灯光类型，如图 8-1 所示。

3ds Max 2012 提供了 8 种标准灯光，分别是目标聚光灯、Free Spot（自由聚光灯）、目标平行光、自由平行光、泛光灯、天光、mr 区域泛光灯和 mr 区域聚光灯。

图 8-1

1．目标聚光灯

目标聚光灯是一种锥形状的投射光束，可影响光束内被照射的对象，产生一种逼真的投射阴影。当有对象遮挡光束时，光束将被截断，光束的范围可以任意调整。目标聚光灯包含两个部分："投射点"，即场景中的圆锥体图形；"目标点"，即场景中的小立方体图形。通过调整这两个图形的位置可以改变对象的投影状态，从而产生立体效果。聚光灯有矩形和圆形两种投影区域，矩形适合制作电影投影图像、窗户投影等；圆形适合筒灯、台灯、壁灯、车灯等灯光的照射效果。

2．Free Spot（自由聚光灯）

Free Spot（自由聚光灯）是一个圆锥形图标，产生锥形照射区域，它是一种没有"投射目标"的聚光灯，通常用于运动路径上，或是与其他对象相连而以子对象方式出现。自由聚光灯主要应用于动画制作，在本书中将不作详细讲解。

3．目标平行光

目标平行光可以产生圆柱形或方柱形平行光束，"平行光束"是一种类似于激光的光束，它的发光点与照射点大小相等。目标平行光主要用于模拟阳光、探照灯、激光光束等效果。

4．自由平行光

自由平行光是一种与自由聚光灯相似的平行光束。但它的照射范围是柱形的，多用于动画制作。

5．泛光灯

泛光灯是在效果图制作中应用最多的光源，可以用来照亮整个场景，是一种可以向四面八方均匀发光的"点光源"。它的照射范围可以任意调整，使对象产生阴影。场景中可以用多盏泛光灯相互配合使用，以产生较好的效果，但要注意泛光灯也不能过多地建立，否则效果图会因整体过亮，缺少暗部而没有层次感。所以要更好地掌握泛光灯的搭配技巧。

6．天光

天光主要用于模拟太阳光遇到大气层时产生的散射照明。它提供给人们整体的照明和很虚的阴影效果，但它不会产生高光，而且有时阴影会过虚，所以要与太阳光或目标平行光配合使用以体现对象的高光和阴影的清晰度。这种灯光必须配合"光跟踪器"使用才能产生出理想的效果。

7．mr 区域泛光灯

区域泛光灯支持全局光照、聚光等功能。这种灯不是从点光源发光，而是从光源周围一个较宽阔的区域内发光，并生成边缘柔和的阴影，可以为渲染的场景增加真实感，但是渲染时间会长一些。

8．mr 区域聚光灯

与区域泛光灯的功能基本一致。在这里就不重复讲述了。

自动关键点：当该按钮处于启用状态时，所有的操作会随时自动记录为关键帧，产生动画。

8.2.2　光度学灯光

光度学灯光使用方法与标准灯光的使用方法大体相同，但是光度学灯光还能调节灯光的类型和分布方式，可以将一个真实的光域网文件指定给光度学灯光。

单击 ※ （创建）命令面板上的 " ☑ （灯光）" 按钮，面板中将显示 3 种光度学灯光类型，分别为目标灯光、自由灯光和 mr Sky 门户，如图 8-2 所示。

8.2.3　VRay 灯光

VRay 灯光是在安装了 VR 渲染器之后才有的，VRay 除了支持 3ds Max 的标准灯光和光度学灯光外，还提供了自己的灯光面板，包括 VR_光源、VR_IES、VR_环境光和 VR_太阳，如图 8-3 所示。

图 8-2

图 8-3

1．VR_光源

VR_光源主要分为 4 种类型：平面、穹顶、球体和网格体。下面来看一下 VR_光源的参数面板及形态，如图 8-4 所示。

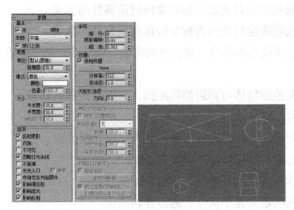

图 8-4

"参数"卷展栏中各常用选项含义如下。

⊙ 开：灯光的开关。

⊙ ▇▇▇ 排除 ▇▇▇：可以将场景中的物体排除光照或者单独照亮。

⊙ 类型：灯光的类型，在右侧的下拉列表中一共有 4 种灯光类型，分别是平面、穹顶、球体和网格。

⊙ 单位：灯光的强度单位。

⊙ 颜色：可以设置灯光的颜色。

⊙ 倍增器：调整灯光的亮度。

⊙ 半长度：平面灯光长度的 1/2。如果灯光类型选择"球体"，这里的参数就变成半径；如果灯光类型选择"穹顶"或者"网格"这里的参数不可用。

⊙ 半宽度：平面灯光宽度的 1/2 。如果灯光类型选择"穹顶"、"球体"或"网格"，这里的参数不可用。

⊙ W 向尺寸：光源的 W 向尺寸（当选择球体光源时该选项不可用）。

⊙ 双面：用来控制灯光的双面都产生照明效果，当灯光类型为平面时才有效，其他灯光类型无效。

⊙ 投射阴影：向灯光照射物体投射 VRay 阴影，取消该选项的勾选该灯光只对物体产生照明效果。

⊙ 不可见：这个选项用来控制渲染后是否显示灯光，在设置灯光时一般勾选这个选项。

⊙ 忽略灯光法线：光源在任何方向上发射的光线都是均匀的，如果将这个选项取消，光线将依照光源的法线向外照射。

⊙ 不衰减：在真实的自然界中，所有的光线都是有衰减的，如果将这个选项取消，VR_光源将不计算灯光的衰减效果。

⊙ 天光入口：如果勾选该选项，前面设置的很多参数都将被忽略，即被 VR_环境光参数代替。这时的 VR_光源就变成了 GI 灯光，失去了直接照明。

储存在发光贴图中：如果使用发光贴图来计算间接照明，则勾选该选项后，发光贴图会存储灯光的照明效果。它有利于快速渲染场景，当渲染完光子的时候，可以把这个 VR_光源关闭或者删除，它对最后的渲染效果没有影响，因为它的光照信息已经保存在发光贴图里。

- ⊙ 影响漫反射：该选项决定灯光是否影响物体材质属性的漫反射。
- ⊙ 影响高光：该选项决定灯光是否影响物体材质属性的高光。
- ⊙ 影响反射：该选项决定灯光是否影响物体材质属性的反射。
- ⊙ 细分：用来控制渲染后的品质。比较低的参数，杂点多，渲染速度快；比较高的参数，杂点少，渲染速度慢。
- ⊙ 阴影偏移：用来控制物体与阴影偏移距离，一般保持默认即可。
- ⊙ 纹理：贴图通道。
- ⊙ 使用纹理：这个选项允许用户使用贴图作为半球光的光照。
- ⊙ 分辨率：贴图光照的计算精度，最大为 2048。
- ⊙ 目标半径：该选项定义光子从什么地方开始发射。
- ⊙ 发射半径：该选项定义光子从什么地方开始结束。

2．VR_IES

VR_IES 灯光是 VRay 的新功能，可以根据色温控制灯光的颜色，基于物理计算，更真实。参数面板如图 8-5 所示。

"VR_IES 参数"卷展栏中各常用选项含义如下。

- ⊙ 启用：开启 VR_IES 灯光。
- ⊙ None：调用光域网文件按钮。
- ⊙ 目标：开启 VR_IES 灯光的目标点。
- ⊙ 中止值：控制灯光照亮的范围。数值越大，范围越小。
- ⊙ 阴影偏移：控制阴影偏移。
- ⊙ 投影阴影：产生阴影。
- ⊙ 使用光源形状：使用灯的形状。
- ⊙ 形状细分：控制灯形状的细分。
- ⊙ 色彩 模式：控制灯的色彩模式。

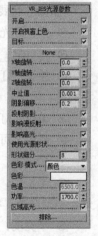

图 8-5

- ⊙ 色彩：可以直接为灯光指定颜色。
- ⊙ 色温：根据色温值来控制灯光的颜色。
- ⊙ 功率：控制灯光的强度。
- ⊙ 排除：可以排除掉对某个物体的照射。

3．VR_太阳和 VR_环境光

VR_太阳和 VR_环境光能模拟物理世界里的真实阳光和环境光的效果。它们的变化，主要是随着"VR_太阳"位置的变化而变化的。"VR_太阳"参数面板如图 8-6 所示。

"VR_太阳参数"卷展栏中各常用选项含义如下。

- ⊙ 开启：打开或关闭太阳光。
- ⊙ 不可见：这个参数没有什么意义。
- ⊙ 混浊度：这个参数就是空气的混浊度，能影响太阳和天空的颜色。如果数值小，则表示晴朗干净的空气，颜色比较蓝；如果数值大，则表示阴天有灰尘的空气，颜色呈橘黄色。
- ⊙ 臭氧：这个参数是指空气中氧的含量。如果数值小，则阳光比较黄；如果数值大，则阳光比较蓝。

⊙ 强度倍增：这个参数是指阳光的亮度，默认值为 1，场景会出现很亮、曝光的效果。一般情况下使用标准摄影机的话，亮度设置为 0.01 ~ 0.005；如果使用 VR 摄影机的话，亮度默认就可以了。

⊙ 尺寸倍增：这个参数是指阳光的大小。数值越大，阴影的边缘越模糊；数值越小，边缘越清晰。

⊙ 阴影细分：这个参数是用来调整阴影的质量。数值越大，阴影质量越好，且没有杂点。

⊙ 阴影偏移：这个参数是用来控制阴影与物体之间的距离。

⊙ 光子发射半径：这个参数和发光贴图有关。

⊙ ▨▨▨▨▨ 排除... ▨▨▨▨▨ ：与标准灯光一样，用来排除物体的照明。

"VR_环境光"参数面板如图 8-7 所示。

图 8-6   图 8-7

"VR_环境光参数"卷展栏中各常用选项含义如下。

⊙ 开启：打开或变比环境光。

⊙ 模式：环境光的模式，一共有三种模式，分别是直接光+全局光、直接光、全局光。

⊙ 强度：环境光的照射强度。

⊙ 灯光贴图：指定贴图后，贴图影响灯光的颜色和强度。

⊙ None：为环境光指定贴图。

4．VRayShadow（VRay 阴影）

在大多数情况下，标准的 3ds Max 光影追踪阴影无法在 VRay 中正常工作，此时必须使用 VRayShadow（VRay 阴影），才能得到好的效果。除了支持模糊阴影外，也可以正确表现来自 VRay 置换物体或者透明物体的阴影。参数面板如图 8-8 所示。

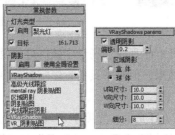

图 8-8

VRay 支持面阴影，在使用 VRay 透明折射贴图时，VRay 阴影是必须使用的。同时用 VRay 阴影产生模糊阴影的计算速度要比其他类型的阴影速度快。

"VRayShadows params" 卷展栏中各选项含义如下。

⊙ 透明阴影：这个选项用于确定场景中透明物体投射的阴影。当物体的阴影由一个透明物体产生的时候，该选项十分有用。当打开该选项时，VRay 会忽略 MAX 的物体阴影参数。

⊙ 光滑表面阴影：勾选这个选项以后，VRay 会对曲面物体的阴影进行光滑处理，尽量避免在粗造物体表面产生斑驳的阴影。

⊙ 偏移：这个参数用来控制物体底部与阴影偏移距离，一般保持默认即可。

⊙ 区域阴影：打开或关闭面阴影。

⊙ 盒体：计算阴影时，假定光线是由一个立方体发出的。

⊙ 球体：计算阴影时，假定光线是由一个球体发出的。

⊙ U 向尺寸：当计算面阴影时，可以控制光源的 U 向尺寸。如果光源是球形光源，该尺寸等于该球形的半径。

⊙ V 向尺寸：当计算面阴影时，可以控制光源的 V 向尺寸。如果选择球形光源，该选项无效。

⊙ W 向尺寸：当计算面阴影时，可以控制光源的 W 向尺寸。如果选择球形光源，该选项无效。

⊙ 细分：这个参数用来控制面积阴影的品质。比较低的参数，杂点多，渲染速度快；比较高的参数，杂点少，渲染速度慢。

8.2.4 课堂案例——制作壁灯效果

【案例学习目标】学习光度学自由灯光的设置。

【案例知识要点】本例介绍使用光度学"自由灯光"制作壁灯效果，如图 8-9 所示。

【效果图文件所在的位置】随书附带光盘 Scene\cha08\制作壁灯效果.max。

（1）打开随书附带光盘"Scene > cha08 > 制作壁灯效果 o.max"场景文件，如图 8-10 所示。

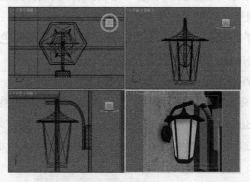

图 8-9   图 8-10

（2）渲染场景观看效果，如图 8-11 所示，场景中壁灯灯片设置为 VR_发光材质，发光材质也可以作为灯光，对场景产生照明效果，但是不具备投影阴影效果，下面介绍在壁灯的位置创建作为壁灯发光光源的灯光。

（3）单击" ✹（创建）> ◢（灯光）> 光度学 > 自由灯光"按钮，在"顶"视图中创建自由灯光，在"强度/颜色/衰减"卷展栏中设置"过滤颜色"的红绿蓝为 255、212、138，设置"强度＞cd"为 100，并在视图中调整自由灯光的位置，如图 8-12 所示。

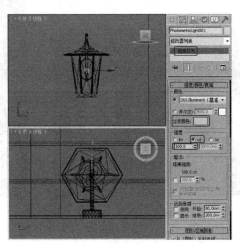

图 8-11   图 8-12

（4）渲染最终场景，得到如图 8-9 所示的效果。

8.2.5　课堂案例——制作筒灯照射效果

【案例学习目标】学习光度学目标灯光的设置。

【案例知识要点】例介绍使用光度学"目标灯光"制作筒灯照射效果，如图 8-13 所示。

【效果图文件所在的位置】随书附带光盘 Scene\cha08\制作筒灯照射效果.max。

（1）打开随书附带光盘"Scene ＞ cha08 ＞ 制作筒灯照射效果 o.max"场景文件，如图 8-14 所示。

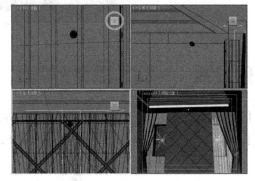

图 8-13   图 8-14

（2）渲染场景观看效果，如图 8-15 所示。

（3）单击" ▦ （创建）＞ ◪ （灯光）＞ 光度学 ＞ 目标灯光"按钮，在"前"视图中创建目标灯光，在"常规参数"卷展栏中设置"灯光分布（类型）"为光学度 Web；在"分布（光度学 Web）"卷展栏中单击"选择光度学文件"按钮，在弹出的"打开光域 Web 文件"对话框中选择随书附带光盘中的"Map ＞ cha08 ＞ 8.2.5 ＞ 15.IES"文件，单击"打开"按钮；在"强度/颜色/衰减"卷展栏中设置"强度 ＞ cd"为 18000，如图 8-16 所示。

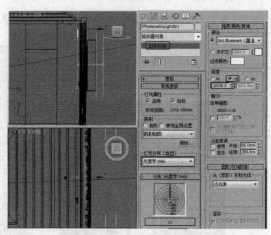

图 8-15　　　　　　　　　　　　　　　　　　图 8-16

课堂练习——制作筒式壁灯效果

【练习知识要点】本练习介绍筒式壁灯效果，如图 8-17 所示，其中将主要使用 Vray 光源平面灯光模拟灯光效果。

【效果图文件所在的位置】随书附带光盘 Scene\cha08\制作筒灯照射效果.max。

图 8-17

课后习题——制作暗藏灯效果

【习题知识要点】暗藏灯的制作也是使用了 VR 光源平面灯光进行的模拟，效果如图 8-18 所示。

【效果图文件所在的位置】随书附带光盘 Scene\cha08\制作暗藏灯效果.max。

图 8-18

第9章

摄影机

　　3ds Max 中的摄影机与现实中的摄影机在使用原理上相同，可是它却比现实中的摄影机功能更强大，它的很多效果是现实中的摄影机所不能达到的。本章主要讲解了摄影机的使用方法和应用技巧，通过本章内容的学习，读者可以充分地利用好摄影机对效果图进行完美的表现。

课堂学习目标

● 掌握 3ds Max 摄影机的使用方法
● 掌握 VRay 摄影机的使用方法

9.1 3ds Max 摄影机

摄影机决定了视图中物体的位置和大小，也就是说看到的内容是由摄影机决定的，所以掌握 3ds Max 中摄影机的用法与技巧是进行效果图制作的关键。

单击"创建"命令面板上的"（摄影机）"按钮，创建面板中将显示两种摄影机类型，如图 9-1 所示。

3ds Max 系统共提供了两种摄影机，"目标"摄影机和"自由"摄影机，其创建后的形态如图 9-2 所示。

图 9-1

 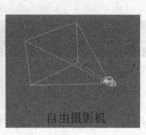

目标摄影机　　　　　　　自由摄影机

图 9-2

1. 目标摄影机

目标即目标摄影机，它包括镜头和目标点。在效果图制作过程中，主要用来确定最佳构图。

单击"创建"命令面板上的 （摄影机）"目标"按钮，此时参数面板如图 9-3 所示。

"参数"卷展栏中常用的参数介绍如下。

⊙ 镜头：可用于模拟 9.8471 ~ 100000mm 的各种镜头，下面的"备用镜头"中提供了 9 种常用镜头供用户选择和使用。

⊙ 视野：它定义了摄影机在场景中看到的区域，其单位是度，视野与镜头是两个互相依存的参数，两者保持一定的换算关系，无论调节哪个参数得到的效果完全一致。

⊙ ↔ ↕ ⟋：分别代表湮没水平、垂直和对方 3 种方式，是 3 种计算视野的方法，这 3 种方式不会影响摄影机的效果。一般使用水平方式。

⊙ 备用镜头：3ds Max 同时设置了常用的 9 种规格镜头。

⊙ 显示圆锥体：激活该项，显示摄影机锥形框。

⊙ 显示地平线：是否在摄影机视图中显示天际线。这在进行手动真景融合时非常有用，它有助于将场景物体与照片中的实景对齐。

图 9-3

⊙ 近距范围：定义摄影机完全可见范围，此范围内物体不受大气效果影响。

⊙ 远距范围：定义摄影机不可见范围，即大气效果最强区域。在"近距范围"和"远距范围"之间的大气效果强度呈线性变化。

- ⊙ 显示：是否显示大气范围。

- ⊙ 手动剪切：此项控制摄影机的剪切功能是否有效。

- ⊙ 近距剪切：用来设置近距离的剪切面到摄影机的距离，此距离之内的场景物体不可见。

- ⊙ 远距剪切：用来设置远距离的剪切面到摄影机的距离，此距离之外的场景物体不可见。

- ⊙ 目标距离：显示摄影机与目标点之间距离，即视距。

上面的参数大多数是使用数值来调节的。这种调节方式虽然在数据上非常准确，但对摄影机视图的控制并不直观，因此 3ds Max 提供了通过画面来控制摄影机的有力工具——摄影机视图控制区按钮。

2. 自由摄影机

自由即自由摄影机，它没有目标点，其他的功能与目标摄影机完全相同，主要用于制作动画浏览。

9.2 VRay 摄影机

VRay 摄影机是安装了 VR 渲染器后新增加的一种摄影机。很多用户不太喜欢用 VRay 摄影机，因为使用了 VRay 摄影机以后，设置灯光的亮度比较大，而且没有"手动剪切"参数。

1. VR 穹顶摄影机

VR 穹顶摄影机被用来渲染半球圆顶效果，参数面板如图 9-4 所示。

"VR 穹顶摄影机参数"卷展栏介绍如下。

- ⊙ 翻转 X：让渲染的图像在 X 轴上翻转。

- ⊙ 翻转 Y：让渲染的图像在 Y 轴上翻转。

- ⊙ Fov（视角）：视角的大小。

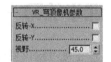

图 9-4

2. VR 物理摄影机

VR 物理摄影机功能和现实中的相机功能相似，都有光圈、快门、曝光、ISO 等调节功能，使用 VR 物理摄影机可以表现出更真实的效果图，参数面板如图 9-5 所示。

"基本参数"卷展栏中常用的参数介绍如下。

- ⊙ 类型：VRay 的物理相机内置了 3 个类型的相机，通过这个选项用户可以选择需要的相机类型。

- ⊙ 目标：勾选此选项，相机的目标点将放在焦平面上；不勾选的时候，可以通过后面的目标距离来控制相机到目标点的距离。

- ⊙ 片门大小：控制相机所看到的景物范围，值越大，看到的景物越多。

- ⊙ 焦距：控制相机的焦长。

- ⊙ 缩放因数：控制相机视图的缩放。值越大，相机视图拉得越近。

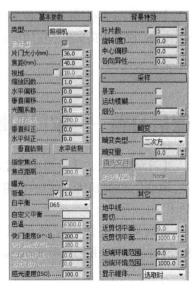

图 9-5

- ⊙ 光圈系数：相机的焦距大小。控制渲染图的最终亮度，值越小图越亮，值越大图越暗。这里的数值和景深也有关系，大焦距景深小，小焦距景深大。

◎ 目标距离：相机到目标点的距离，默认情况下是关闭的。不勾选相机的目标选项时，就可以用目标距离来控制相机的目标点距离。

◎ 指定焦点：打开该选项，就可以手动控制焦点。

◎ 焦点距离：控制焦距的大小。

◎ 曝光：当勾选该选项后，物理相机里的焦距比数、快门速度和胶片速度的设置才会起作用。

◎ 渐晕：模拟真实相机里的渐晕效果。

◎ 白平衡：此设置和相机的功能一样，控制图的色偏。

◎ 快门速度：控制光的进光时间。值越小，进光时间越长，图就越亮；反之，数值越大，进光时间越长，图就越暗。

◎ 快门角度：当相机选择电影相机类型时，此选项被激活。作用和上面的快门速度一样，控制图的亮暗。角度值越大，图就越亮。

◎ 快门偏移：当相机选择电影相机类型时，此选项被激活，主要控制快门角度的偏移。

◎ 延迟：当相机选择视频相机类型时，此选项被激活。作用和上面的快门速度一样，控制图的亮暗。值越大，表示光越充足，图就越亮。

◎ 胶片速度（ISO）：用来控制图的亮暗，数值越大，表示 ISO 的感光系数强，图越亮。一般白天效果比较适合用较小的 ISO，而晚上效果比较适合用较大的 ISO。

课堂练习——室内摄影机的应用

【练习知识要点】室内效果图使用目标摄影机创建合适的角度完成的效果，分镜头是调整视口合适的角度按 Ctrl+C 组合键来完成的摄影机效果，如图 9-6 所示。

【效果图文件所在的位置】随书附带光盘 Scene\cha09\室内摄影机的应用.max。

图 9-6

课后习题——家具摄影机的应用

【习题知识要点】使用视口控制工具调整视口角度，调整合适的角度后按 Ctrl+C 组合键，创建摄影机，如图 9-7 所示。

【效果图文件所在的位置】随书附带光盘 Scene\cha09\吧台和吧椅场景.max。

图 9-7

下 篇

案例实训篇

第10章

室内家具的制作

本章介绍室内各种常用家具的制作，在制作室内外效果图时，将会合并模型库，所以室内家具的制作一定要精简，但还必须要达到需要的家具的效果，在本章中，将为大家介绍室内的几种家具的制作，包括茶几、单人沙发、酒架、角几和多用柜的制作。

课堂学习目标

● 了解室内家具的风格和特色
● 掌握室内家具的设计构思
● 掌握室内家具的制作方法
● 掌握室内家具的制作技巧

10.1　实例 1——茶几

【案例学习目标】学习切角长方体、切角圆柱体和圆柱体制作茶几。

【案例知识要点】本例将继续介绍配套家具中的简约茶几模型的制作，主要使用"切角长方体、切角圆柱体和圆柱体"工具制作茶几，观看效果如图 10-1 所示。

【效果图文件所在的位置】随书附带光盘 Scene\cha10\茶几.max。

（1）单击"　（创建）>　（几何体）> 扩展基本体 > 切角长方体"按钮，在"顶"视图中创建切角长方体，作为茶几上方的玻璃，在"参数"卷展栏中设置"长度"为 88、"宽度"为 88、"高度"为 1、"圆角"为 0.1，如图 10-2 所示。

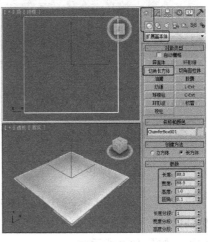

图 10-1　　　　　　　　　　　　　图 10-2

（2）按 Ctrl+V 组合键，对切角长方体进行"实例"复制，作为茶几下方的玻璃，如图 10-3 所示。

（3）继续对切角长方体进行复制，作为茶几侧面的玻璃，切换到　（修改）命令面板，在"参数"卷展栏中设置"长度"为 88、"宽度"为 1、"高度"为 15、"圆角"为 0.1，调整模型的位置如图 10-4 所示。

图 10-3　　　　　　　　　　　　　图 10-4

（4）单击"■（创建）> ⭕（几何体）>扩展基本体>切角圆柱体"按钮，在"顶"视图中创建切角圆柱体，在"参数"卷展栏中设置"半径"为 6.5、"高度"为 0.5、"圆角"为 0.05、"边数"为 20，如图 10-5 所示。

（5）对切角圆柱体进行复制，在"参数"卷展栏中设置"半径"为 26、"高度"为 0.8、"圆角"为 0.1、"边数"为 30，调整其合适的位置，如图 10-6 所示。

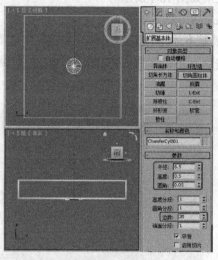

图 10-5   图 10-6

（6）单击"■（创建）> ⭕（几何体）> 圆柱体"按钮，作为茶几的支架，在"顶"视图中创建圆柱体，在"参数"卷展栏中设置"半径"为 3.5、"高度"为 15、"边数"为 24，调整其合适的位置，如图 10-7 所示。

（7）完成的电视柜模型，如图 10-8 所示，完成的场景模型可以参考随书附带光盘"Scene > cha10 > 电视柜.max"文件。完成电视柜模型场景效果的设置，可以参考随书附带光盘中的"Scene > cha10 > 电视柜场景.max"文件，该文件是设置好场景的场景效果文件，渲染该场景可以得到图 10-1 所示的效果。

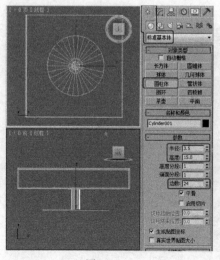 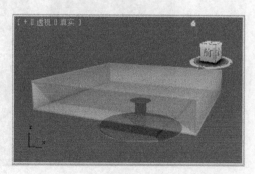

图 10-7   图 10-8

10.2　实例 2——单人沙发

【案例学习目标】学习切角长方体、圆柱体工具和 FFD 4×4×4、FFD（长方体）修改器制作单人沙发。

【案例知识要点】本例简约风格的沙发模型制作，使用"切角长方体、圆柱体"工具，结合使用"FFD 4×4×4、FFD（长方体）"修改器制作单人沙发，使沙发效果看上去非常舒服，观看效果如图 10-9 所示。

【效果图文件所在的位置】随书附带光盘 Scene\cha10\单人沙发.max。

图 10-9

（1）单击"　（创建）>　（几何体）> 扩展基本体 > 切角长方体"按钮，在"顶"视图中创建切角长方体，作为沙发的坐垫，在"参数"卷展栏中设置"长度"为 180、"宽度"为 200、"高度"为 80、"圆角"为 12、长度分段为 30、宽度分段为 35、高度分段为 8、圆角分段为 3，如图 10-10 所示。

（2）切换到　（修改）命令面板，在"修改器列表"中选择"FFD 4×4×4"修改器，将选择集定义为"控制点"，在"前"视图中调整控制点的位置，如图 10-11 所示，关闭选择集。

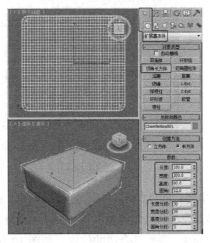

图 10-10

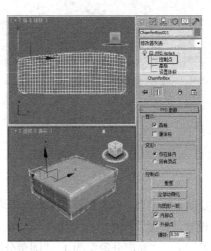

图 10-11

（3）对模型进行复制，作为沙发外壳，在修改器堆栈中将"FFD 4×4×4"删除修改器，在

"参数"卷展栏中设置"长度"为 20、"宽度"为 600、"高度"为 140、"圆角"为 8、"长度分段"为 2、"宽度分段"为 100、"高度分段"为 8、"圆角分段"为 5，如图 10-12 所示。

（4）在"修改器列表"中选择"FFD 4×4×4"修改器，将选择集定义为"控制点"，在"顶"视图中调整控制点的位置，如图 10-13 所示，关闭选择集。

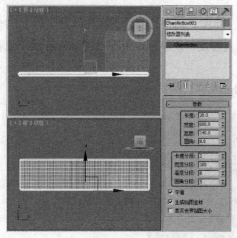
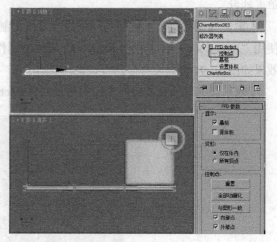

图 10-12   图 10-13

（5）在"修改器列表"中选择"FFD（长方体）"修改器，在"FFD 参数"卷展栏中单击"设置点数"按钮，在弹出的对话框中设置"长度"为 2、"宽度"为 12、"高度"为 2，单击"确定"按钮，如图 10-14 所示。

（6）在"顶"视图中调整控制点的位置，如图 10-15 所示，关闭选择集。

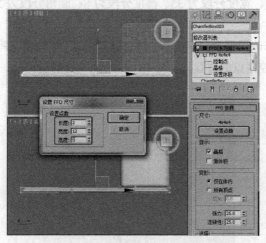
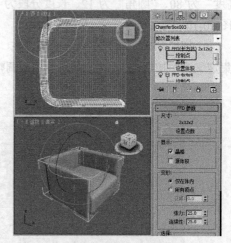

图 10-14   图 10-15

（7）复制坐垫模型，作为靠背，在修改器堆栈中将"FFD（长方体）"修改器删除，在"参数"卷展栏中设置"长度"为 170、"宽度"为 30、"高度"为 95、"圆角"为 12、"长度分段"为 1、"宽度分段"为 1、"高度分段"为 1、"圆角分段"为 3，调整其合适的位置，如图 10-16 所示。

（8）在"修改器列表"中选择"FFD 4×4×4"修改器，将选择集定义为"控制点"，在"前"视图调整控制点的位置，如图 10-17 所示。

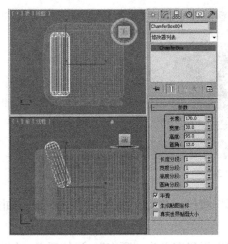
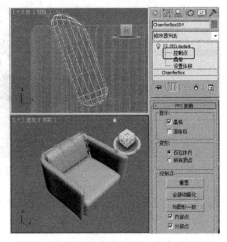

图 10-16　　　　　　　　　　　　　　　　图 10-17

（9）单击"　（创建）>　（几何体）> 圆柱体"按钮，在"顶"视图中创建圆柱体，作，作为沙发的支架，在"参数"卷展栏中设置"半径"为 68、"宽度"为 10、"高度分段"为 1、"边数"为 24，如图 10-18 所示。

（10）完成的单人沙发模型，如图 10-19 所示，完成的场景模型可以参考随书附带光盘"Scene > cha10 > 单人沙发.max"文件。完成单人沙发模型场景效果的设置，可以参考随书附带光盘中的"Scene > cha10 > 单人沙发场景.max"文件，该文件是设置好场景的场景效果文件，渲染该场景可以得到图 10-9 所示的效果。

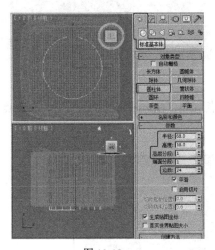
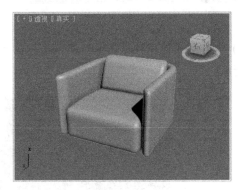

图 10-18　　　　　　　　　　　　　　　　图 10-19

10.3　实例 3——酒架

【案例学习目标】学习编辑样条线修改器和创建可渲染的样条线制作酒架。

【案例知识要点】本例介绍使用"编辑样条线"修改器和创建可渲染的样条线制作酒架模型，观看场景模型效果，如图 10-20 所示。

【效果图文件所在的位置】随书附带光盘 Scene\cha10\酒架.max。

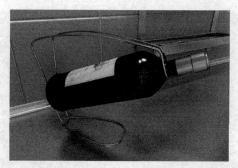

图 10-20

（1）单击"（创建）>（图形）> 矩形"按钮，在"顶"视图中创建矩形，如图 10-21 所示。

（2）为图形施加"编辑样条线"修改器，将选择集定义为"顶点"，添加顶点，如图 10-22 所示。

图 10-21

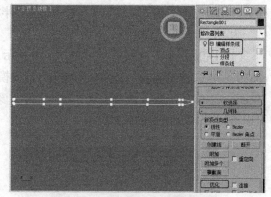

图 10-22

（3）使用（使用并移动）工具、"Bezier 角点"和"Bezier"在各视图中调整顶点，如图 10-23 所示。

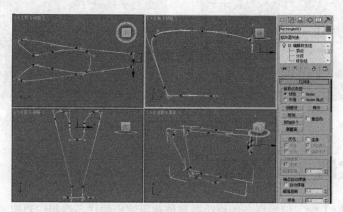

图 10-23

（4）在修改器堆栈中选择"Rectangle"，在"渲染"卷展栏中勾选"在渲染中启用"、"在视口中启用"，设置"径向-厚度"为 3，如图 10-24 所示。

（5）完成的场景模型可以参考随书附带光盘"Scene > cha10 > 酒架.max"文件。完成酒架模型场景效果的设置，可以参考随书附带光盘中的"Scene > cha10 > 酒架场景.max"文件，该文件是设置好场景的场景效果文件，渲染该场景可以得到图 10-20 所示的效果。

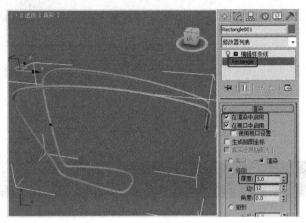

图 10-24

课堂练习——制作角几

【练习知识要点】本例现代中式角几模型，该模型现代风格中带有古朴气息，其中主要使用"矩形、线、球体、长方体和放样"工具，结合使用"编辑样条线、编辑多边形、倒角"修改器制作角几，观看效果如图 10-25 所示。

【效果图文件所在的位置】随书附带光盘 Scene\cha10\角几.max。

图 10-25

课后习题——制作多用柜

【习题知识要点】本例介绍简约风格装修中的多用柜模型的制作，看似简单的柜子，可以储存和放置复杂的东西。其中将主要使用"长方体和弧"工具结合使用"编辑样条线、编辑多边形和挤出"修改器制作多用柜，观看效果如图 10-26 所示。

【效果图文件所在的位置】随书附带光盘 Scene\cha10\多用柜.max。

图 10-26

第11章

卫浴器具的制作

卫浴器具在我们的日常生活中是经常使用的，主要包括坐便器、盥洗盆、浴缸、淋浴间和龙头，器具的好坏直接影响我们的生活质量。掌握卫浴器具的设计制作方法，在装饰装修前做好卫浴空间的设计是非常重要的事情。本章将来学习卫浴空间中常用模型的制作方法。

课堂学习目标

- 掌握卫浴器具模型的设计构思
- 掌握卫浴器具模型的制作方法
- 掌握卫浴器具模型的制作技巧

11.1 实例 4——毛巾

【案例学习目标】学习 Cloth 制作毛巾。

【案例知识要点】下面介绍使用"圆柱体、平面"工具，结合使用"Cloth"修改器，制作毛巾，观看效果如图 11-1 所示。

【效果图文件所在的位置】随书附带光盘 Scene\cha11\毛巾.max。

图 11-1

（1）单击"✷（创建）> ◯（几何体）> 圆柱体"按钮，在"左"视图中创建圆柱体，在"参数"卷展栏中设置"半径"为 68，"高度"为 3600，如图 11-2 所示。

（2）单击"✷（创建）> ◯（几何体）> 平面"按钮，在"顶"视图中创建平面，作为毛巾模型，在"参数"卷展栏中设置"长度"为 2300、"宽度"为 1000，"长度分段"为 60、"宽度分段"为 20，调整其合适的位置，如图 11-3 所示。

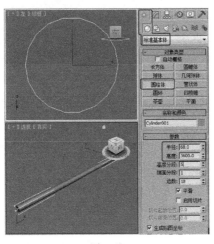

图 11-2

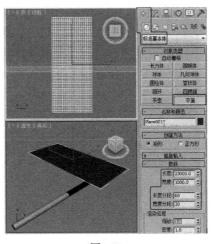

图 11-3

（3）切换到◿（修改）命令面板，在"修改器列表"中选择"Cloth"修改器，在"对象"卷展栏中单击"对象属性"按钮，在弹出的对话框中单击"添加对象"按钮，在弹出的对话框中，选择"Cylinder001"单击"添加"按钮，如图 11-4 所示。

（4）在左侧对象列表中选择添加的"Cylinder001"对象，选择"冲突对象"选项，在"冲突属性"选项组中，设置"深度"为 2，如图 11-5 所示。

（5）在左侧对象列表中选择"plane001"对象，选择"cloth"选项，在"cloth 属性"选项组中，设置"厚度"为 1，单击"确定"按钮，如图 11-6 所示。

图 11-4

图 11-5

图 11-6

注意 此处容易出错，重新打开"对象属性"对话框，检查一下是否已设置好。

（6）单击"模拟局部（阻尼）"按钮，达到满意效果按"ESC"结束，调整其合适的位置，如图 11-7 所示。

（7）在"修改器列表"中选择"壳"修改器，在"参数"卷展栏"外部量"为 5，如图 11-8 所示

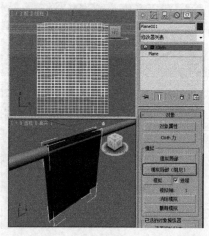
图 11-7

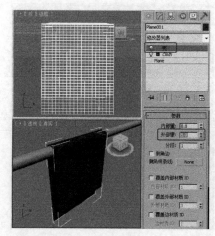
图 11-8

（8）在"修改器列表中"选择"涡轮平滑"修改器，使用默认参数即可，如图 11-9 所示。

（9）将圆柱体模型删除，完成的毛巾模型如图 11-10 所示。完成的场景模型可以参考随书附带光盘"Scene > cha11 > 毛巾.max"文件。完成毛巾模型场景效果的设置，可以参考随书附带光盘中的"Scene > cha11 > 毛巾场景.max"文件，该文件是设置好场景的场景效果文件，渲染该场景可以得到图 11-1 所示的效果。

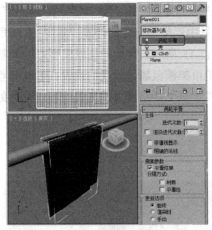

图 11-9　　　　　　　　　　　　　　　图 11-10

11.2　实例5——毛巾架

【案例学习目标】学习车削和可渲染的圆制作毛巾架。

【案例知识要点】下面介绍使用"线、圆"工具，结合使用"车削"修改器，制作毛巾架，观看效果如图 11-11 所示。

【效果图文件所在的位置】随书附带光盘 Scene\cha11\毛巾架.max。

图 11-11

（1）单击"　（创建）>　（图形）> 圆"按钮，在"前"视图中创建圆，在"参数"卷展栏中设置"半径"为 150，在"渲染"卷展栏中勾选"在渲染中启用"和"在视口中启用"复选框，设置"厚度"为 18，在"插值"卷展栏中设置"步数"为 12，如图 11-12 所示。

（2）单击"　（创建）>　（图形）> 线"按钮，在"左"视图中创建线，调整样条线的形状，如图 11-13 所示。

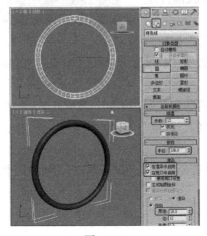

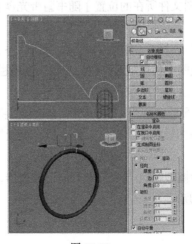

图 11-12　　　　　　　　　　　　　　　图 11-13

（3）切换到 ☑（修改）命令面板，在修改器列表中选择"车削"修改器，在"参数"卷展栏中设置"方向"为 X，将选择集定义为"轴"，在场景中调整轴合适的位置，如图 11-14 所示。

（4）调整模型的形状，完成的毛巾架模型如图 11-15 所示。完成的场景模型可以参考随书附带光盘"Scene > cha11 > 毛巾架.max"文件。完成毛巾架模型场景效果的设置，可以参考随书附带光盘中的"Scene > cha11 > 毛巾架场景.max"文件，该文件是设置好场景的场景效果文件，渲染该场景可以得到图 11-11 所示的效果。

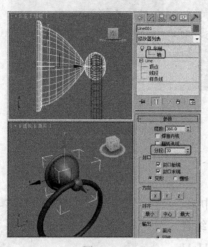

图 11-14

图 11-15

11.3 实例 6——坐便器

【案例学习目标】学习编辑样条线、FFD4×4×4、平滑、倒角修改器制作坐便器。

【案例知识要点】本例介绍使用"编辑样条线"、"FFD4×4×4"、"平滑"、"倒角"修改器，制作坐便器模型，观看场景模型效果，如图 11-16 所示。

【效果图文件所在的位置】随书附带光盘 Scene\cha11\坐便器.max。

（1）单击"❉（创建）> ◨（图形）> 矩形"按钮，在"顶"视图中创建矩形，在"参数"卷展栏中设置"长度"为 300、"宽度"为 130、"角半径"为 60，如图 11-17 所示。

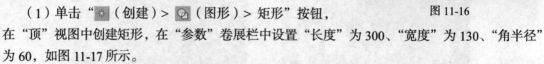

图 11-16

（2）为图形施加"编辑多边形"修改器，将选择集定义为"顶点"，调整顶点，如图 11-18 所示。

（3）为图形施加"挤出"修改器，设置挤出的"数量"为 90、"分段"为 10，如图 11-19 所示。

（4）为模型施加"FFD4×4×4"修改器，将选择集定义为"控制点"，在场景中调整模型，如图 11-20 所示。

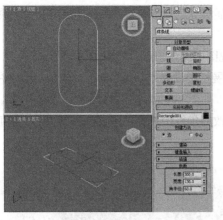

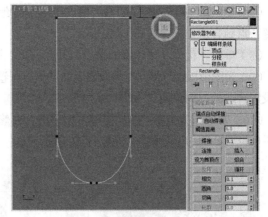

图 11-17　　　　　　　　　　　　　　　　　图 11-18

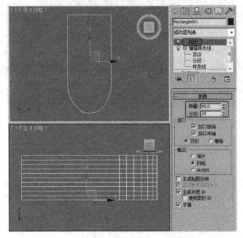

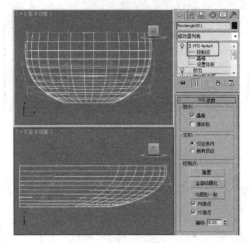

图 11-19　　　　　　　　　　　　　　　　　图 11-20

（5）为模型施加"平滑"修改器，在"参数"卷轴栏中勾选"自动平滑"，如图 11-21 所示。

（6）单击" ✱ （创建）> ○ （几何体）> 扩展基本体 > 切角长方体"按钮，在"参数"卷展栏中设置合适的参数，如图 11-22 所示。

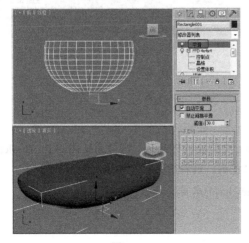

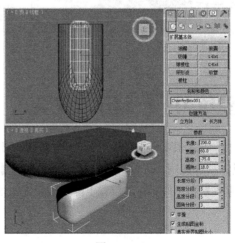

图 11-21　　　　　　　　　　　　　　　　　图 11-22

（7）在"顶"视图创建"矩形"，为矩形施加"编辑样条线"修改器，将选择集定义为"顶点"，调整顶点到合适位置，如图 11-23 所示。

（8）单击"优化"按钮添加顶点，并在"顶"视图中调整顶点，如图 11-24 所示。

（9）为图形施加"倒角"修改器，在"参数"卷展栏中设置"分段"为 2、勾选"级间平滑"，并设置合适的"倒角值"，如图 11-25 所示。

（10）发现作为坐便器盖的模型不太平滑，在修改器堆栈中选择"Rectangle"，在"插值"卷展栏中设置合适的"步数"，如图 11-26 所示。

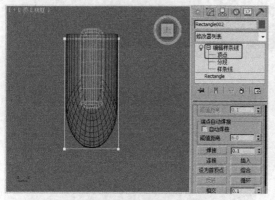

图 11-23 　　　　　　　　　　　　图 11-24

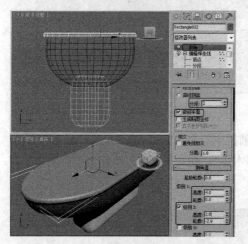

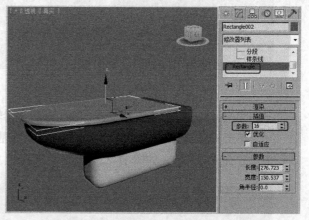

图 11-25 　　　　　　　　　　　　图 11-26

课堂练习——制作水龙头

【练习知识要点】本例介绍使用"纺锤、圆锥体、可渲染的样条线、切角圆柱体和 ProBoolean"工具，结合使用"可编辑多边形"修改器，制作水龙头，观看效果如图 11-27 所示。

【效果图文件所在的位置】随书附带光盘 Scene\cha11\水龙头.max。

图 11-27

课后习题——制作牙缸和牙刷

【案例知识要点】本例介绍使用"圆柱体、切角长方体和长方体"工具，结合使用"可编辑多边形、壳、涡轮平滑"修改器，制作牙缸和牙刷，观看效果如图 11-28 所示。

【效果图文件所在的位置】随书附带光盘 Scene\cha11\牙缸和牙刷.max。

图 11-28

第12章

室内装饰物的制作

建筑根据各自不同的使用功能，形成各自不同的功能性空间。室内装饰性物品就是按室内环境的内在要求放置在室内的装饰，起着美化室内环境和提高艺术品位的作用。本章将来学习室内装饰物的制作方法。

课堂学习目标

- 了解室内装饰物的种类
- 了解室内装饰物的风格
- 掌握室内装饰物模型的设计构思
- 掌握室内装饰物模型的制作方法
- 掌握室内装饰物模型的制作技巧

12.1　实例 7——壁画

【案例学习目标】学习挤出修改器制作壁画。

【案例知识要点】本例介绍使用"挤出"修改器创建壁画模型，观看场景模型效果，如图 12-1 所示。

【效果图文件所在的位置】随书附带光盘 Scene\cha12\壁画.max。

（1）单击"　　（创建）>　　（几何体）> 长方体"按钮，在"前"视图中创建长方体，在"参数"卷展栏中设置长度为 100、宽度为 350、高度为 3，如图 12-2 所示。

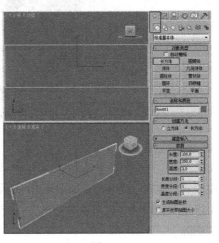

图 12-1　　　　　　　　　　　　图 12-2

（2）在"前"视图中创建矩形，设置合适参数，并在场景中调整矩形位置，如图 12-3 所示。

（3）为矩形施加"挤出"修改器，设置"数量"为 0.5，调整模型，制作完成的壁画模型，如图 12-4 所示。完成的场景模型可以参考随书附带光盘"Scene > cha12 > 壁画.max"文件。完成壁画模型场景效果设置，可以参考随书附带光盘中的"Scene > cha12 > 壁画场景.max"文件，该文件是设置好场景的场景效果文件，渲染该场景可以得到图 12-1 所示的效果。

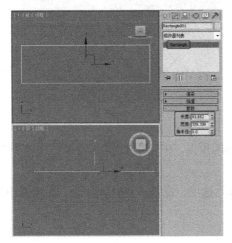
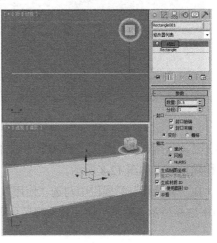

图 12-3　　　　　　　　　　　　图 12-4

12.2 实例 8——咖啡杯

【案例学习目标】学习壳、涡轮平滑、可编辑多边形修改器制作咖啡杯。

【案例知识要点】本例介绍使用"球体、切角长方体"工具，结合使用"壳、涡轮平滑、可编辑多边形"修改器，制作咖啡杯，观看场景模型效果，如图 12-5 所示。

【效果图文件所在的位置】随书附带光盘 Scene\cha12\咖啡杯.max。

图 12-5

1. 杯子的制作

（1）单击"　（创建）>　（几何体）> 球体"按钮，在"顶"视图中创建球体，在"参数"卷展栏中设置"半径"为 110，如图 12-6 所示。

（2）将模型转换为"可编辑多边形"，将选择集定义为"多边形"，选择多边形，如图 12-7 所示，将其删除。

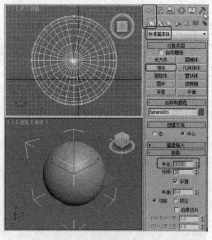

图 12-6

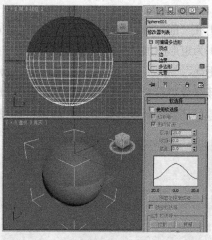

图 12-7

（3）定义选择集为"顶点"，在场景中选择底部的顶点，在"编辑顶点"卷展栏中单击"移除"按钮，移除顶点，如图 12-8 所示。

（4）在"软选择"卷展栏中勾选"使用软选择"选项，设置"衰减"为 60，在场景中调整顶点，如图 12-9 所示，取消"使用软选择"的勾选。

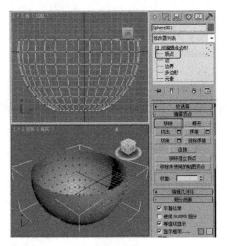

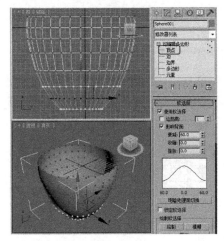

图 12-8　　　　　　　　　　　　　　　　　图 12-9

（5）在场景中缩放调整顶点，如图 12-10 所示。

（6）关闭选择集，为模型施加"壳"修改器，在"参数"卷展栏中设置"外部量"为 8，如图 12-11 所示。

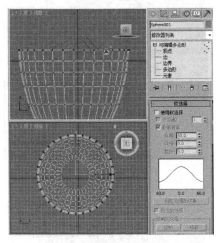

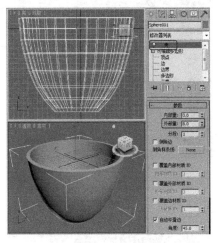

图 12-10　　　　　　　　　　　　　　　　图 12-11

（7）将模型转换为"可编辑多边形"，定义选择集为"多边形"，选择如图 12-12 所示的多边形。

（8）在"编辑多边形"卷展栏中单击"倒角"后的"■"按钮，在弹出的助手小盒中设置"高度"为 1.8、"轮廓"为-1.7，单击"✓"按钮，如图 12-13 所示。

（9）在场景中选择如图 12-14 所示的多边形。

（10）在"编辑多边形"卷展栏中单击"挤出"后"■"的按钮，在弹出的助手小盒中设置"高度"为 18，单击"✓"按钮，如图 12-15 所示。

（11）继续设置多边形的"挤出"，如图 12-16 所示。

（12）将选择集定义为"顶点"，在场景中调整挤出模型的顶点，如图 12-17 所示。

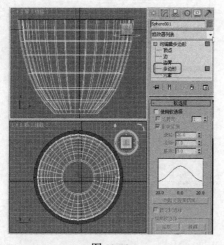

图 12-12

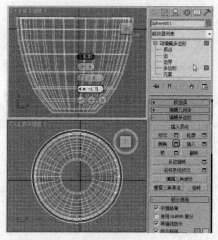

图 12-13

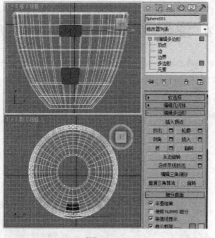

图 12-14

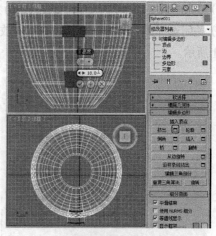

图 12-15

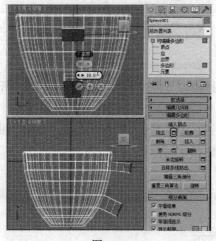

图 12-16

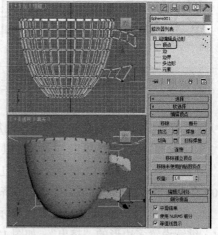

图 12-17

（13）定义选择集为"多边形"，选择如图 12-18 所示的多边形。

（14）在"编辑多边形"卷展栏中单击"桥"按钮，连接多边形，如图 12-19 所示。

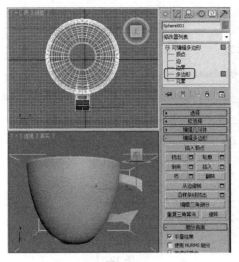

图 12-18

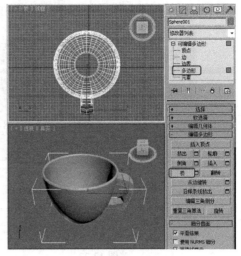

图 12-19

（15）将选择集定义为"顶点"，在场景中调整顶点，如图 12-20 所示。

（16）在"细分曲面"卷展栏中勾选"使用 NURMS 细分"选项，设置"达代次数"为 2，如图 12-21 所示。

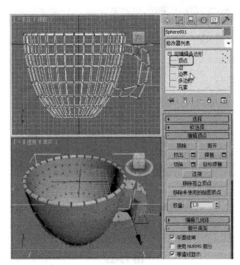

图 12-20

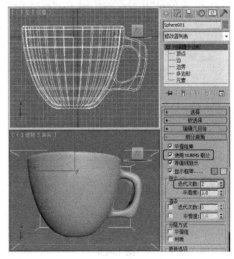

图 12-21

2. 碟子的制作

（1）单击"　（创建）>　（几何体）> 扩展基本体 > 切角长方体"按钮，在"顶"视图中创建切角长方体，在"参数"卷展栏中设置"长度"为 400、"宽度"为 400、"高度"为 180，"圆角"为 92，"长度分段"为 3、"宽度分段"为 3、"高度分段"为 1、"圆角分段"为 3，如图 12-22 所示。

（2）在场景中选择切角长方体，对切角长方体进行缩放，如图 12-23 所示。

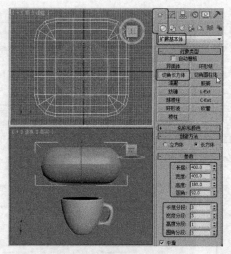

图 12-22

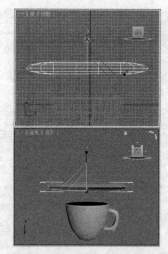

图 12-23

（3）将切角长方体转换为"可编辑多边形"修改器，将选择集定义为"多边形"，选择多边形，如图 12-24 所示，并将其删除。

（4）将选择集定义为"顶点"，在场景中选择如图 12-25 所示的顶点，对其进行缩放。

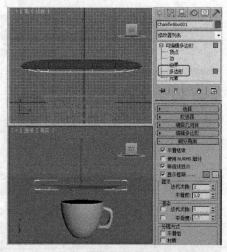

图 12-24

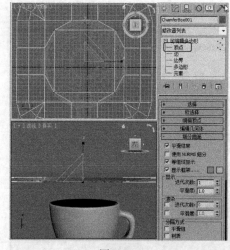

图 12-25

（5）在"软选择"卷展栏中勾选"使用软选择"选项，设置"衰减"为 130，对顶点进行缩放，如图 12-26 所示。

（6）关闭选择集，为模型施加"壳"修改器，在"参数"卷展栏中设置"外部量"为 6，如图 12-27 所示。

（7）为模型施加"涡轮平滑"修改器，设置"迭代次数"为 2，如图 12-28 所示。

（8）调整模型，完成的咖啡杯模型如图 12-29 所示。完成的场景模型可以参考随书附带光盘"Scene > cha12 > 咖啡杯.max"文件。完成咖啡杯模型场景效果的设置，可以参考随书附带光盘中的"Scene > cha12 > 咖啡杯场景.max"文件，该文件是设置好场景的场景效果文件，渲染该场景可以得到图 12-5 所示的效果。

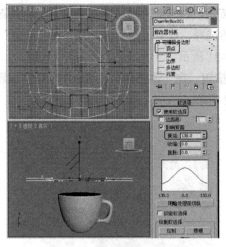

图 12-26

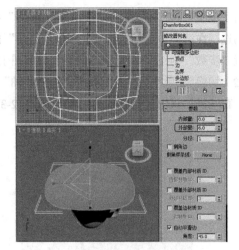

图 12-27

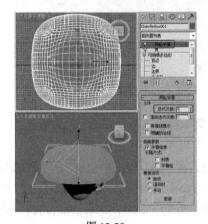

图 12-28

图 12-29

12.3　实例 9——果盘

【案例学习目标】学习阵列工具制作果盘。

【案例知识要点】下面介绍使用可渲染的样条线和可渲染的圆，并使用"阵列"工具制作果盘，观看效果如图 12-30 所示。

【效果图文件所在的位置】随书附带光盘 Scene\cha12\果盘.max。

图 12-30

（1）单击"> >线"按钮，在"前"视图中创建线，在"渲染"卷展栏中勾选"在渲染中启用"和"在视口中启用"的选择，设置"厚度"为 10，在"插值"卷展栏中设置"步数"为 12，调整图形的形状，如图 12-31 所示。

（2）切换到 ![](层次）面板中，选择"轴"按钮，在"调整轴"卷展栏中选择"仅影响轴"按钮，在"顶"视图中调整轴的位置，如图 12-32 所示。

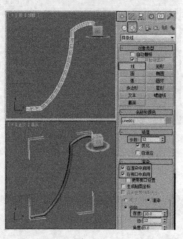

图 12-31

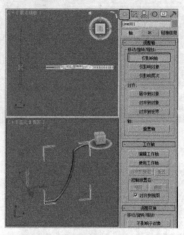

图 12-32

（3）在菜单栏中选择"工具 > 阵列"命令，在菜单栏中选择"旋转"的右侧箭头，并设置 360 度，设置"阵列维度"组中选择"1D"的"数量"为 3，如图 12-33 所示。

（4）单击"> > 圆"按钮，在"顶"视图中创建圆，在"参数"卷展栏中设置合适的半径，在"渲染"卷展栏中勾选"在渲染中启用"和"在视口中启用"的选择，设置"厚度"为 15，在"插值"卷展栏中设置"步数"为 12，调整图形合适的位置，如图 12-34 所示。

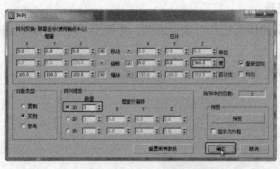

图 12-33

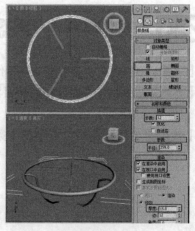

图 12-34

（5）对"圆"进行复制，设置其合适的大小，调整其合适的位置，如图 12-35 所示。

（6）完成的果盘模型，如图 12-36 所示，完成的场景模型可以参考随书附带光盘"Scene > cha12 > 果盘.max"文件。完成果盘模型场景效果的设置，可以参考随书附带光盘中的"Scene >

cha12 > 果盘场景.max"文件，该文件是设置好场景的场景效果文件，渲染该场景可以得到图 12-30 所示的效果。

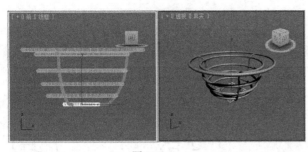
图 12-35

图 12-36

课堂练习——制作鼠标垫

【练习知识要点】本例介绍使用"长方体"工具结合使用"编辑多边形"修改器，制作鼠标垫，观看场景模型效果，如图 12-37 所示。

【效果图文件所在的位置】随书附带光盘 Scene\cha12\果盘.max。

图 12-37

课后习题——制作地球仪

【习题知识要点】本例介绍使用创建图形和几何体通过对模型施加挤出、倒角和荡漾工具来拼凑出地球仪模型，如图 12-38 所示。

【效果图文件所在的位置】随书附带光盘 Scene\cha12\地球仪.max。

图 12-38

第13章

室内灯具的制作

室内灯具是日常家装中必不可少的一部分。不同的灯具对室内装修的影响效果不同。本章介绍室内各种常见灯具的制作，包括客厅吊灯、工装吊灯、落地灯、餐厅灯、射灯、台灯、壁灯、小吊灯等灯具的制作。

课堂学习目标

- 了解灯具的风格和特色
- 掌握灯具的设计构思
- 掌握灯具的制作方法
- 掌握灯具的制作技巧

13.1　实例 10——餐厅灯

【案例学习目标】学习编辑样条线、车削修改器制作餐厅灯。

【案例知识要点】本例使用"弧"、"线"、"圆锥体"工具，结合使用"编辑样条线"、"车削"修改器制作餐厅灯模型，观看场景模型效果，如图 13-1 所示。

【效果图文件所在的位置】随书附带光盘 Scene\cha13\餐厅灯.max。

图 13-1

（1）单击"　（创建）>　（图形）> 弧"按钮，在"前"视图的创建弧，并设置合适的参数，如图 13-2 所示。

（2）为弧施加"编辑样条线"修改器，将选择集定义为"分段"，在"几何体"卷展栏中，设置"拆分"为 8，在视图中框选弧，单击"拆分"按钮，如图 13-3 所示。

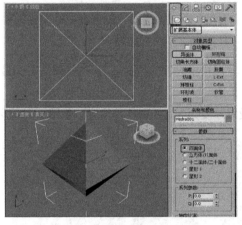

图 13-2

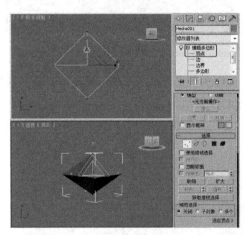

图 13-3

（3）将选择集定义为"顶点"，选择多余的顶点，按 Delete 键删除顶点，如图 13-4 所示。

（4）选择如图 13-5 所示顶点并移动顶点，如图 13-5 所示。

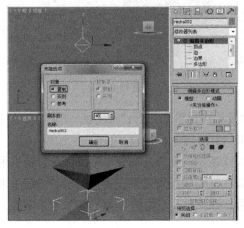

图 13-4

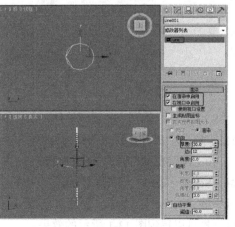

图 13-5

（5）调整顶点，如图 13-6 所示。

（6）将选择集定义为"样条线"，在"几何体"卷展栏中单击"轮廓"按钮，在"前"视图中设置轮廓，如图 13-7 所示。

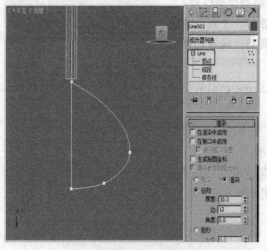

图 13-6   图 13-7

（7）为图形施加"车削"修改器，在"参数"卷展栏中设置"方向"为 Y、"对齐"为最小，如图 13-8 所示。

（8）在"前"视图中创建可渲染的样条线，设置厚度为 3，并调整其位置，如图 13-9 所示。

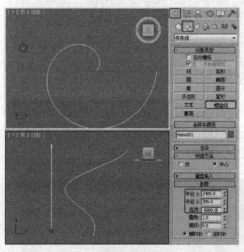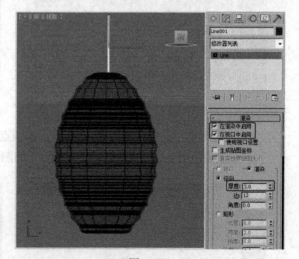

图 13-8   图 13-9

（9）在"顶"视图中创建圆锥体，在"参数"卷展栏中设置"半径 1"为 20、"半径 2"为 1.5、"高度"为-20，并在场景中调整圆锥体的位置，如图 13-10 所示。

（10）调整模型，完成的餐厅灯模型，如图 13-11 所示。完成的场景模型可以参考随书附带光盘"Scene > cha13 > 餐厅灯.max"文件。完成餐厅灯模型场景效果设置，可以参考随书附带光盘中的"Scene > cha13 > 餐厅灯场景.max"文件，该文件是设置好场景的场景效果文件，渲染该场景可以得到图 13-1 所示的效果。

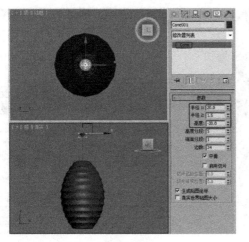

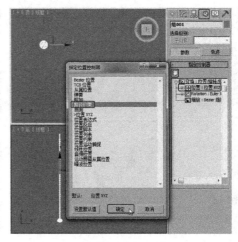

图 13-10　　　　　　　　　　　　　　　　图 13-11

13.2　实例 11——射灯

【案例学习目标】学习可编辑多边形、壳、编辑多边形、平滑、车削、挤出修改器制作射灯。

【案例知识要点】本例使用"圆环"、"球体"、"线"、"长方体"、"胶囊"、"圆柱体"、"通道"工具，结合使用"可编辑多边形"、"壳"、"编辑多边形"、"平滑"、"车削"、"挤出"修改器制作射灯模型，观看场景模型效果，如图 13-12 所示。

【效果图文件所在的位置】随书附带光盘 Scene\cha13\射灯.max。

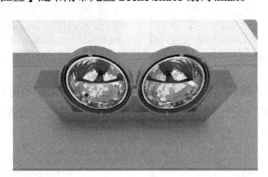

图 13-12

（1）单击"[图标]（创建）> [图标]（几何体）> 管状体"按钮，在"顶"视图中创建管状体，在"参数"卷展栏中设置"半径 1"为 120、"半径 2"为 115、"高度"为 50、"边数"为 70、"高度分段"为 5，如图 13-13 所示。

（2）选择管状体，鼠标右击，在弹出的快捷菜单中选择"转换为>转换为可编辑多边形"，将选择集定义为"边"，在"透"视图选择如图 13-14 所示的边。

（3）在"编辑边"卷展栏中单击"切角"后的设置按钮，设置切角的"数量"为 1.2、"分段"为 1，如图 13-15 所示

（4）将选择集定义为"多边。形"，在工具栏中单击"[图标]（圆形选择区域）"按钮，在"顶"视图中圈选如图 13-16 所示多边形。

147

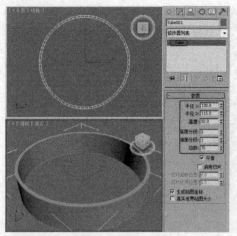

图 13-13

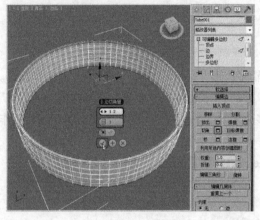

图 13-14

图 13-15

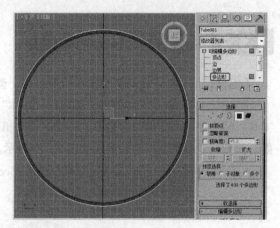

图 13-16

（5）在"前"视图中，按住 Alt 键减选不需要的多边形，减选后得到如图 13-17 所示。

（6）在"编辑多边形"卷展栏中单击"挤出"后的设置按钮，设置挤出的"高度"为 3，如图 13-18 所示。

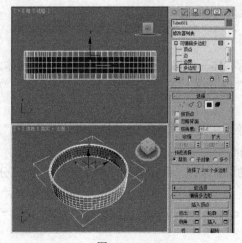

图 13-17

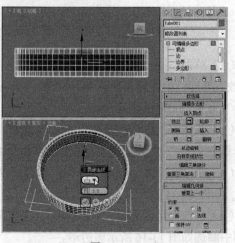

图 13-18

（7）在场景中选择如图 13-19 所示的两个多边形，在"编辑多边形"中单击"挤出"后的设置按钮，设置挤出的"高度"为 6，如图 13-19 所示。

（8）单击" （创建）> （几何体）> 球体"按钮，在"顶"视图中创建球体，在"参数"卷展栏中设置"半径"为 110，并在视图中调整球体的位置，如图 13-20 所示。

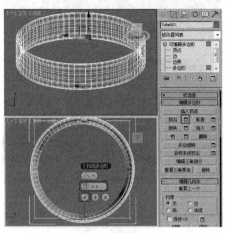

图 13-19

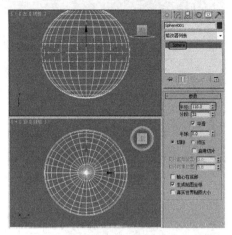

图 13-20

（9）选择球体，鼠标右击，在弹出的快捷菜单中选择"转换为 > 转换为可编辑多边形"，将选择集定义为"顶点"，在场景中删除并缩放顶点，如图 13-21 所示。

（10）在"顶"视图中选择顶部的顶点，在"编辑顶点"卷展栏中单击"移除"按钮，如图 13-22 所示。

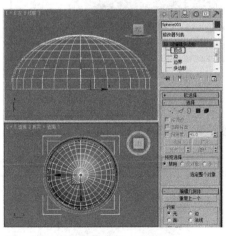

图 13-21

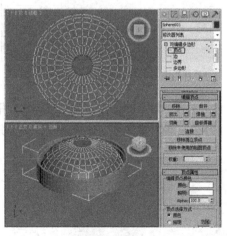

图 13-22

（11）将选择集定义为"多边形"，在"编辑多边形"卷展栏中单击"挤出"后的设置按钮，设置挤出的"高度"为 10，如图 13-23 所示。

（12）关闭选择集，为模型施加"壳"修改器，在"参数"卷展栏中设置"内部量"为 2，如图 13-24 所示。

（13）将选择集定义为"多边形"，在"透"视图中选择如图 13-25 所示多边形。

（14）在"编辑多边形"卷展栏中，单击"挤出"后的设置按钮，设置挤出的"高度"为 3.5，如图 13-26 所示。

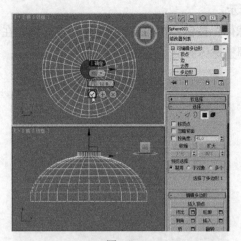

图 13-23

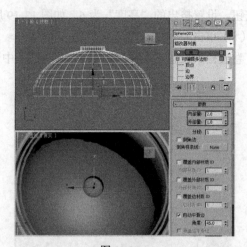

图 13-24

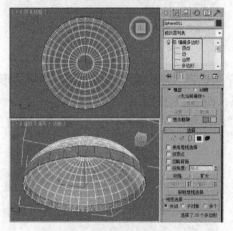

图 13-25

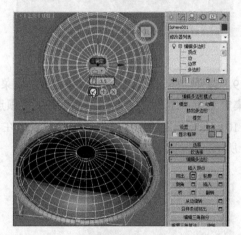

图 13-26

（15）选择调整后的球体，为模型施加"平滑"修改器，如图 13-27 所示。

（16）在"前"视图中创建样条线，并为其设置轮廓，如图 13-28 所示。

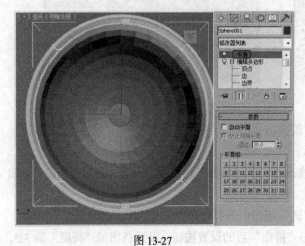

图 13-27

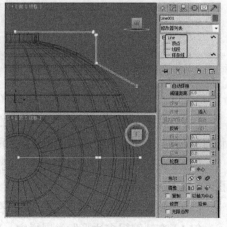

图 13-28

（17）为图形施加"车削"修改器，在"参数"卷展栏中选择"方向"为 Y、"对齐"为最小，并设置其"分段"为 30，如图 13-29 所示。

（18）在"顶"视图中创建长方体，在"参数"卷展栏中设置"长度"为 28、"宽度"为 28、"高度"为 30，并在视图中调整模型位置，如图 13-30 所示。

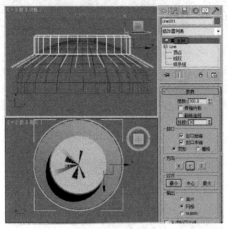

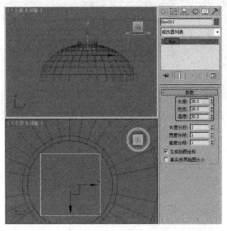

图 13-29   图 13-30

（19）单击"（创建）>（几何体）> 扩展基本体 > 胶囊"按钮，在"顶"视图中创建胶囊，在"参数"卷展栏中设置"半径"为 13、"高度"为 40，如图 13-31 所示。

（20）为胶囊施加"编辑多边形"修改器，将选择集定义为"顶点"，在场景中删除部分顶点，并调整顶点，如图 13-32 所示。

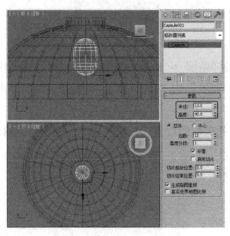
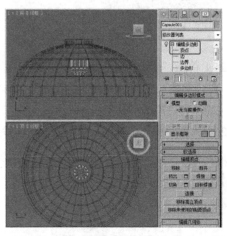

图 13-31   图 13-32

（21）在"前"视图中创建并调整如图 13-33 所示图形。

（22）为图形施加"挤出"修改器，在"参数"卷展栏中设置"数量"为 4，并在视图中调整模型位置，如图 13-34 所示。

（23）框选所有模型，在菜单栏中选择"组>成组"命令，复制并移动模型如图 13-35 所示。

（24）单击"（创建）>（几何体）> 圆柱体"按钮，在"左"视图中创建圆柱体，在"参数"卷展栏中设置"半径"为 3、"数量"为 23，并调整模型的位置，如图 13-36 所示。

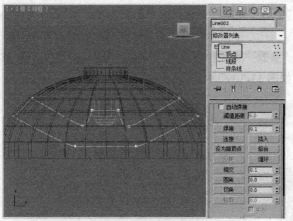

图 13-33

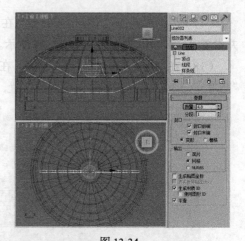

图 13-34

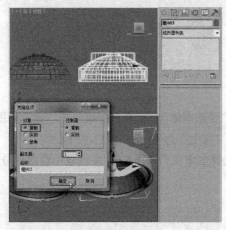

图 13-35

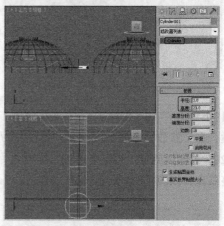

图 13-36

（25）单击"　（创建）>　（图形）> 扩展样条线 > 通道"按钮，在"前"视图中创建通道，在"参数"卷展栏中设置"长度"为641、"宽度"为260、"厚度"为70，并调整通道的位置，如图13-37所示。

（26）为通道施加"挤出"修改器，在"参数"卷展栏中设置"数量"为70，如图13-38所示。

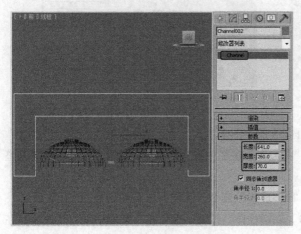

图 13-37

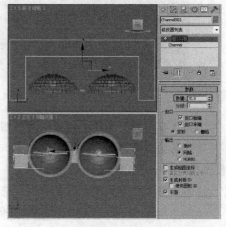

图 13-38

（27）在场景中调整模型，完成射灯的模型，如图 13-39 所示。完成的场景模型可以参考随书附带光盘 "Scene > cha13 > 射灯.max" 文件。完成射灯模型场景效果的设置，可以参考随书附带光盘中的 "Scene > cha13 > 射灯场景.max" 文件，该文件是设置好场景的场景效果文件，渲染该场景可以得到图 13-12 所示的效果。

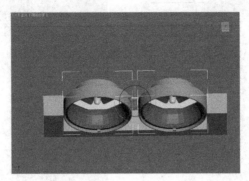

图 13-39

13.3　实例 12——台灯

【案例学习目标】学习编辑多边形、倒角、挤出修改器制作台灯。

【案例知识要点】本例介绍使用"圆柱体"、"矩形"、"管状体"、"圆环"、"切角圆柱体"工具，结合使用"编辑多边形"、"倒角"、"挤出"修改器，制作台灯模型，观看场景模型效果，如图 13-40 所示。

【效果图文件所在的位置】随书附带光盘 Scene\cha13\台灯.max。

（1）单击 " （创建）> （几何体）> 圆柱体"按钮，在"顶"视图中创建圆柱图，在"参数"卷展栏中设置"半径"为 35、"高度"为 120、"高度分段"为 9、"边数"为 30，如图 13-41 所示。

（2）为圆柱图施加"编辑多边形"修改器，将选择集定义为"顶点"，在"前"视图中框选如图 13-42 所示的顶点，在"顶"视图中缩放顶点，如图 13-42 所示。

图 13-40

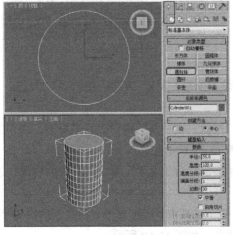

图 13-41

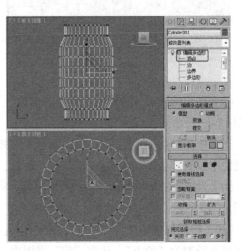

图 13-42

（3）在"前"视图中框选如图 13-43 所示的顶点，在"顶"视图中缩放顶点，如图 13-42 所示。

（4）在"前"视图中框选顶部的顶点并移动顶点位置，如图 13-44 所示。

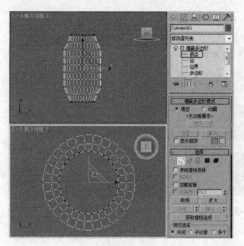

图 13-43

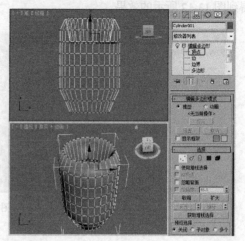

图 13-44

（5）在"前"视图中框选底部的顶点并移动顶点位置，如图 13-45 所示。

（6）将选择集定义为"边"，在"透"视图中结合使用"循环"按钮选择如图 13-46 所示的边。

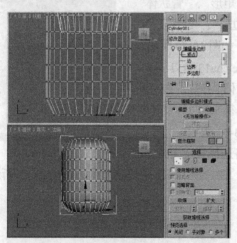

图 13-45

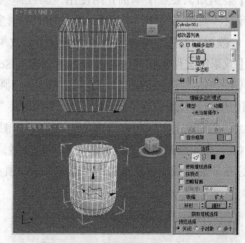

图 13-46

（7）在"编辑边"卷展栏中单击"切角"后的设置按钮，设置"数量"为 1.5、"分段"为 1，如图 13-47 所示。

（8）单击"（创建）>（图形）> 矩形"按钮，在"前"视图中创建矩形，在"参数"卷展栏中设置"长度"为 500、"宽度"为 13，如图 13-48 所示。

（9）为矩形施加"编辑样条线"修改器，将选择集定义为"顶点"，在"前"视图中优化顶点，如图 13-49 所示。

（10）将选择集定义为"顶点"，按 Ctrl+A 组合键全选顶点，鼠标右击，在弹出的快捷菜单中选择顶点类型为"角点"，并在"前"视图中调整顶点，如图 13-50 所示。

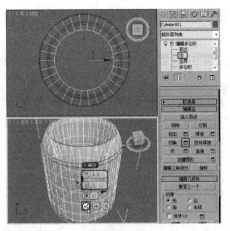

图 13-47

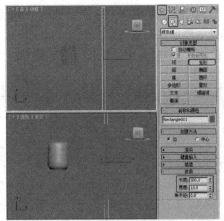

图 13-48

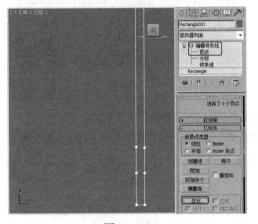

图 13-49

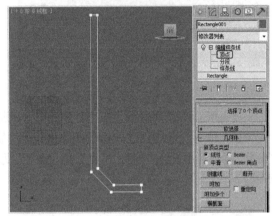

图 13-50

（11）为矩形施加"倒角"修改器，在"倒角值"卷展栏中设置"级别 1"的"高度"为 1、"轮廓"为 1，设置"级别 2"的"高度"为 4、"轮廓"为 0，设置"级别 3"的"高度"为 1、"轮廓"为-1，如图 13-51 所示，并在场景中调整模型的位置。

（12）按 Ctrl+V 组合键，复制并调整模型的位置，如图 13-52 所示。

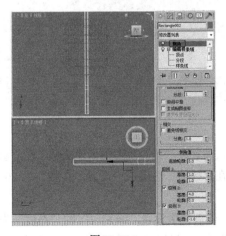

图 13-51

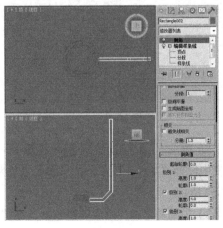

图 13-52

155

（13）在"左"视图中创建矩形，为图形施加"编辑样条线"修改器，将选择集定义为"顶点"，在场景中添加并调整顶点，如图 13-53 所示。

（14）为图形施加"挤出"修改器，在"参数"卷展栏中设置"数量"为 8，如图 13-54 所示。

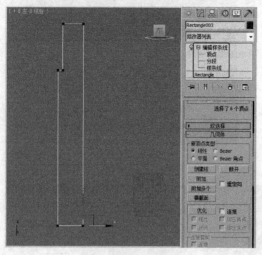
图 13-53

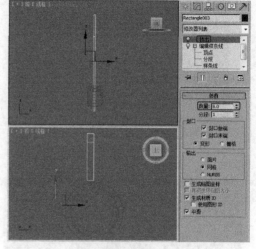
图 13-54

（15）按 Ctrl+V 组合键，在场景中复制并调整模型的位置，如图 13-55 所示。

（16）单击"[创建] > [几何体] > 管状体"按钮，在"顶"视图中创建管状体，在"参数"卷展栏中设置"半径 1"为 220、"半径"为 215、"高度"为 425、"边数"为 50，如图 13-56 所示。

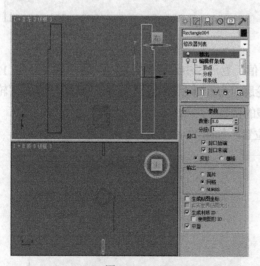
图 13-55

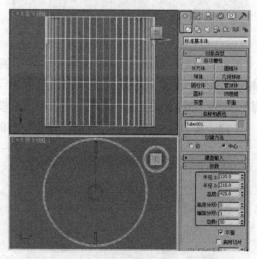
图 13-56

（17）单击"[创建] > [图形] > 圆环"按钮，在"顶"视图中创建圆环，在"参数"卷展栏中设置"半径 1"为 220、"半径 2"为 162，在"插值"卷展栏中设置"步数"为 30，如图 13-57 所示。

（18）为圆环施加"倒角"修改器，在"倒角值"卷展栏中设置"级别 1"的"高度"为 1、"轮廓"为 1，设置"级别 2"的"高度"为 4、"轮廓"为 0，设置"级别 3"的"高度"为 1、"轮廓"为-1，如图 13-58 所示。

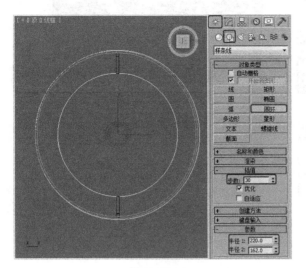

图 13-57　　　　　　　　　　　　　　　图 13-58

（19）按 Ctrl+V 组合键，复制并调整模型的位置，如图 13-59 所示。

（20）单击"　（创建）>　（几何体）> 圆柱体"按钮，在"顶"视图中创建圆柱体，在"参数"卷展栏中设置"半径"为 10、"高度"为 550，并在场景中调整其位置，如图 13-60 所示。

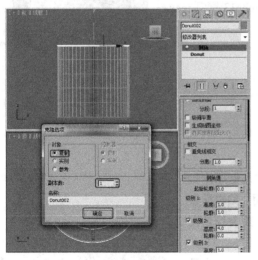
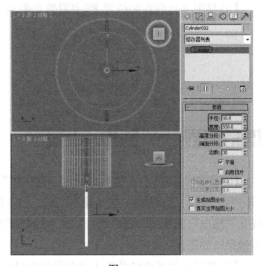

图 13-59　　　　　　　　　　　　　　　图 13-60

（21）单击"　（创建）>　（几何体）> 扩展基本体 > 切角圆柱体"按钮，在"顶"视图中创建切角圆柱体，在"参数"卷展栏中设置"半径"为 220、"高度"为 20、"圆角"为 3、"高度分段"为 3、"圆角分段"为 3、"边数"为 30，如图 13-61 所示。

（22）在场景中调整模型，完成台灯的模型，如图 13-62 所示。完成的场景模型可以参考随书附带光盘"Scene > cha13 > 台灯.max"文件。完成台灯模型场景效果的设置，可以参考随书附带光盘中的"Scene > cha13 > 台灯场景.max"文件，该文件是设置好场景的场景效果文件，渲染该场景可以得到图 13-40 所示的效果。

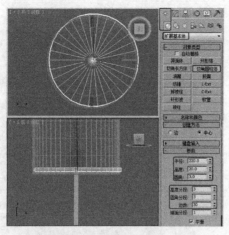

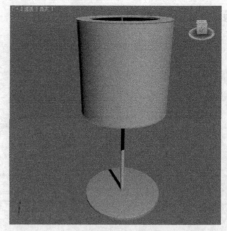

图 13-61   图 13-62

课堂练习——制作壁灯

【练习知识要点】本例介绍使用"管状体"、"圆柱体"、"线"工具，集合使用"FFD4×4×4"、"编辑多边形"修改器，创建壁灯模型，观看场景模型效果，如图 13-63 所示。

【效果图文件所在的位置】随书附带光盘 Scene\cha13\壁灯.max。

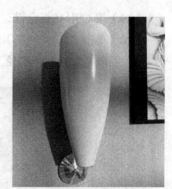

图 13-63

课后习题——制作小吊灯

【习题知识要点】本例介绍使用"圆柱体"、"几何球体"、"阵列"、"线"、"长方体"、"矩形"工具，结合使用"编辑样条线"、"挤出"、"车削"修改器，创建小吊灯模型，观看场景模型效果，如图 13-64 所示。

【效果图文件所在的位置】随书附带光盘 Scene\cha13\小吊灯.max。

图 13-64

第14章

家用电器的制作

家用电器是现代家庭生活中必不可少的用品。现代的家用电器不仅具有实用功能，还具有装饰和点缀室内空间的功能。家用电器的设计新颖时尚，美观大方，已经融入到了室内装饰设计的大环境中。本章将来学习家用电器的制作方法。

课堂学习目标

● 掌握家用电器模型的设计构思
● 掌握家用电器模型的制作方法
● 掌握家用电器模型的制作技巧

14.1 实例 13——液晶电视

【案例学习目标】学习使用编辑样条线、挤出修改器，结合使用 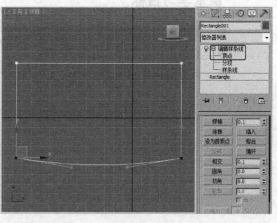（捕捉开关）制作液晶电视。

【案例知识要点】本例介绍使用"矩形、长方体、"工具，"编辑样条线、挤出"修改器，结合使用 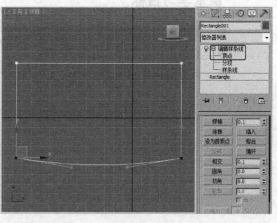（捕捉开关），制作液晶电视模型，观看场景模型效果，如图 14-1 所示。

【效果图文件所在的位置】随书附带光盘 Scene\cha14\液晶电视.max。

图 14-1

（1）单击"（创建）>（图形）> 矩形"按钮，在"前"视图中创建矩形，在"参数"卷展栏中设置"长度"为 100、"宽度"为 180。如图 14-2 所示。

（2）在"修改器列表"面板中选择"编辑样条线"修改器，将选择集定义为"顶点"，使用"Bezier 角点"调整顶点。如图 14-3 所示。

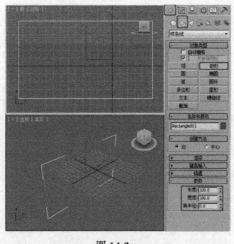

图 14-2

图 14-3

（3）将选择集定义为"样条线"，在"几何体"卷展栏中单击"轮廓"按钮，设置图形的轮廓。如图 14-4 所示。

（4）为图形施加"挤出"修改器，在"参数"卷展栏中设置"数量"为 3，如图 14-5 所示。

（5）按 Ctrl+V 组合键，复制图形，将选择集定义为"样条线"选择外围的线，按 Delete 删除，如图 14-6 所示。

（6）在堆栈中移除"编辑样条线"修改器，在"挤出"修改器中设置挤出"数量"为 1.5,如图 14-7 所示。

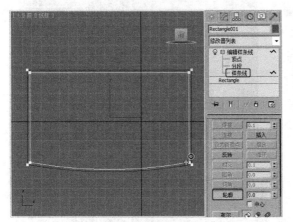

图 14-4

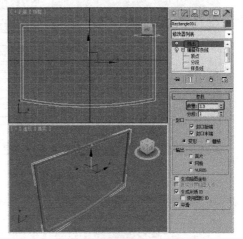

图 14-5

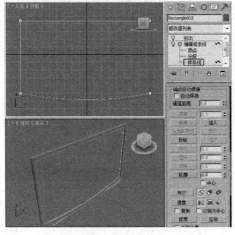

图 14-6

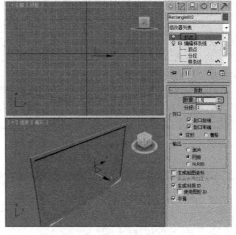

图 14-7

（7）单击" （创建）> （几何体）> 长方体"按钮，在"前"视图中创建长方体，在参数卷展栏中设置"长度"为 90、"宽度"为 15、"高度"为 2.5，如图 14-8 所示。

（8）调整长方体的位置，按 Ctrl+V 组合键，复制并移动长方体到合适位置，如图 14-9 所示。

（9）单击" （创建）> （图形）> 矩形"按钮，打开   （捕捉开关）在"前"视图中创建矩形，如图 14-10 所示。

（10）为矩形施加"编辑样条线"修改器，将选择集定义为"样条线"，单击"轮廓"按钮，为矩形设置轮廓，如图 14-11 所示

（11）将选择集定义为"顶点"，在"前"视图中调整顶点位置，如图 14-12 所示。

（12）为图形施加"挤出"修改器，设置挤出"数量"为 3.5，并在"顶"视图中调整模型位置，如图 14-13 所示。

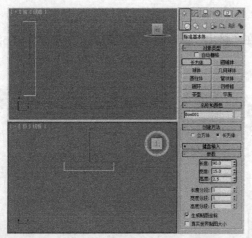

图 14-8

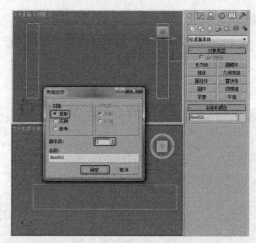

图 14-9

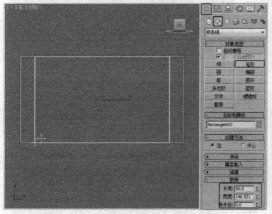

图 14-10

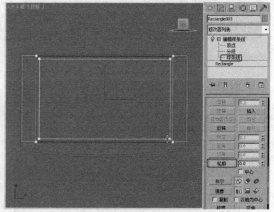

图 14-11

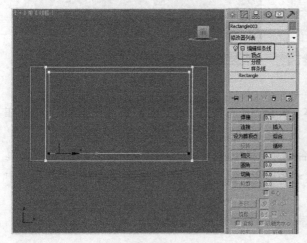

图 14-12

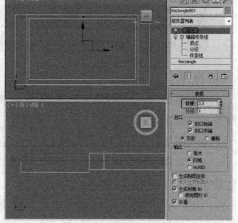

图 14-13

（13）单击" （创建）> （几何体）> 长方体"按钮，打开 （捕捉开关）在"前"视图中创建长方体，设置"高度"为 1，如图 14-14 所示。

（14）在"顶"视图中调整模型位置，如图 14-15 所示。

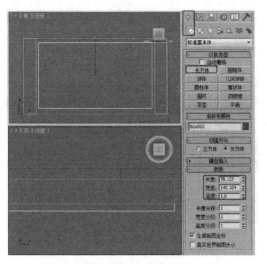

图 14-14

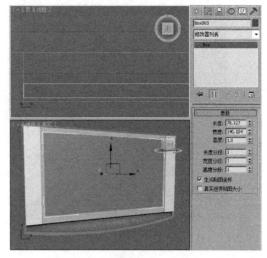

图 14-15

（15）完成的场景模型，如图 14-16 所示，可以参考随书附带光盘 "Scene > cha14 > 液晶电视.max" 文件。完成液晶电视模型场景效果的设置，可以参考随书附带光盘中的 "Scene > cha14 > 液晶电视场景.max" 文件，该文件是设置好场景的场景效果文件，渲染该场景可以得到图 14-1 所示的效果。

图 14-16

14.2 实例 14——音响

【案例学习目标】学习 ProBoolean 工具和挤出修改器制作音响。

【案例知识要点】本例介绍使用"线、圆环、长方体、圆柱体、切角圆柱体、ProBoolean"工具，结合使用"挤出"修改器制作音响模型，观看效果如图 14-17 所示。

【效果图文件所在的位置】随书附带光盘 Scene\cha14\音响.max。

（1）单击"（创建）> （图形）> 线"按钮，在"顶"视图中创建线作为音响，调整图形的形状，如图 14-18 所示。

（2）为其施加"挤出"修改器，在"参数"卷展栏中设置"数量"为 400，如图 14-19 所示。

图 14-17

（3）单击堆栈下的"（使唯一）"按钮，在修改器堆栈中将选择集定义为"线段"，选择如图 14-20 所示的线段，并将其删除。

（4）将选择集定义为"样条线"，在"几何体"卷展栏中单击"轮廓"按钮，设置合适的轮廓，作为音响外壳，如图 14-21 所示，关闭选择集。

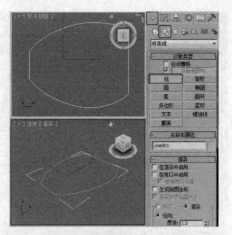

图 14-18

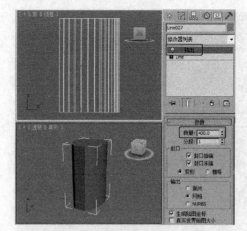

图 14-19

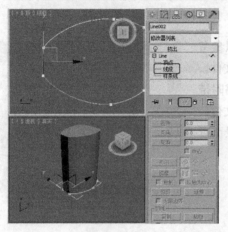

图 14-20

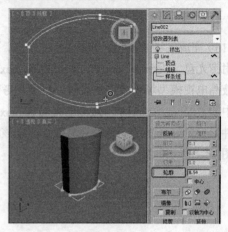

图 14-21

（5）在修改器堆栈中选择"挤出"修改器，使用默认参数即可，如图 14-22 所示。

（6）单击"![icon]（创建）> ![icon]（几何体）> 长方体"按钮，在"顶"视图中创建长方体作为布尔模型，在参数卷展栏中设置"长度"为 160、"宽度"为 28、"高度"为 100，调整其合适的角度和位置，如图 14-23 所示。

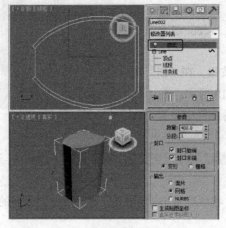

图 14-22

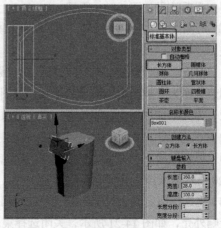

图 14-23

（7）在场景中选择音响模型，单击"　（创建）>　（几何体）>复合对象>ProBoolean"按钮，在"拾取布尔对象"卷展栏中选择"复制"选项，单击"开始拾取"按钮，拾取场景中作为布尔对象的长方体模型，如图 14-24 所示。

（8）鼠标右击，在场景中选择音响外壳模型，单击"　（创建）>　（几何体）> 复合对象 > ProBoolean"按钮，在"拾取布尔对象"卷展栏中选择"移动"选项，单击"开始拾取"按钮，拾取场景中作为布尔对象的长方体模型，如图 14-25 所示。

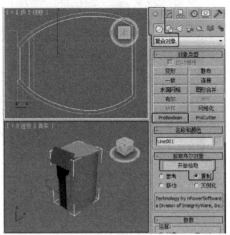
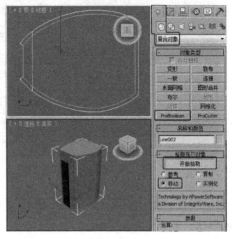

图 14-24　　　　　　　　　　　　　　　　　图 14-25

（9）单击"　（创建）>　（几何体）> 圆环"按钮，在"左"视图中创建圆环，在"参数"卷展栏中设置"半径 1"为 20、"半径 2"为 3，调整其合适的角度和位置，如图 14-26 所示。

（10）单击"　（创建）>　（几何体）> 长方体"按钮，在"顶"视图中创建长方体，在"参数"卷展栏中设置"长度"为 110、"宽度"为 20、"高度"为 20，调整其合适的角度和位置，如图 14-27 所示。

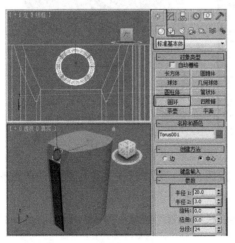
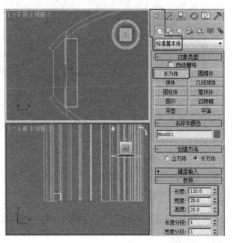

图 14-26　　　　　　　　　　　　　　　　　图 14-27

（11）单击"　（创建）>　（几何体）> 切角圆柱体"按钮，在"顶"视图中创建切角圆柱体作为腿模型，在"参数"卷展栏中设置"半径"为 15、"高度"为 30、"圆角"为 3、"圆角分段"为 3、"边数"为 20，调整其合适的角度和位置，如图 14-28 所示。

（12）对腿模型进行"实例"复制，调整其合适的位置，如图 14-29 所示。

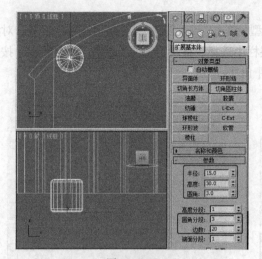 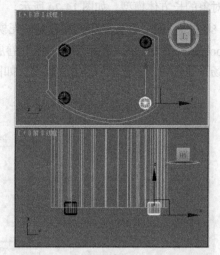

图 14-28   图 14-29

（13）单击"（创建）>（图形）> 线"按钮，在"顶"视图中创建线作为音响，调整图形的形状，如图 14-30 所示。

（14）使用同样的方法制作另外的音响箱体模型，如图 14-31 所示。

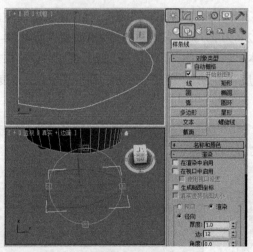 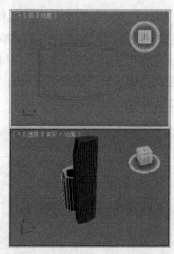

图 14-30   图 14-31

（15）单击"（创建）>（图形）> 线"按钮，在"顶"视图中创建线，调整图形的形状，如图 14-32 所示。

（16）为其施加"挤出"修改器，在"参数"卷展栏中设置"数量"为 5，调整其合适的位置，如图 14-33 所示。

（17）单击"（创建）>（几何体）> 切角圆柱体"按钮，在"顶"视图中创建切角圆柱体作为腿模型，在"参数"卷展栏中设置"半径"为 15、"高度"为 40、"圆角"为 3、"圆角分段"为 3、"边数"为 20，调整其合适的角度和位置，如图 14-34 所示。

（18）单击"✳（创建）> ⚪（几何体）> 长方体"按钮，在"顶"视图中创建长方体作为布尔模型，在"参数"卷展栏中设置"长度"为 35、"宽度"为 35、"高度"为 5，调整其合适的角度和位置，如图 14-35 所示。

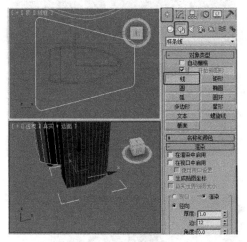

图 14-32

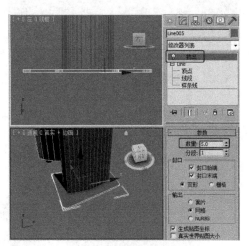

图 14-33

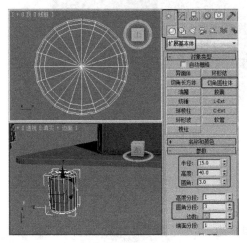

图 14-34

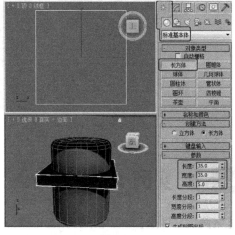

图 14-35

（19）在场景中选择腿模型，单击"✳（创建）> ⚪（几何体）> 复合对象 > ProBoolean"按钮，在"拾取布尔对象"卷展栏中单击"开始拾取"按钮，拾取场景中作为布尔对象的长方体模型，如图 14-36 所示。

（20）单击"✳（创建）> ⚪（几何体）> 圆柱体"按钮，在"顶"视图中创建圆柱体，在"参数"卷展栏中设置"半径"为 8、"高度"为 5、"高度分段"1，调整其合适的角度和位置，如图 14-37 所示，

（21）对腿模型进行复制，调整其合适的位置，如图 14-38 所示。

（22）完成的音响模型，如图 14-39 所示，完成的场景模型可以参考随书附带光盘"Scene > cha14 > 音响.max"文件。完成音响模型场景效果设置，可以参考随书附带光盘中的"Scene > cha14 > 音响场景.max"文件，该文件是设置好场景的场景效果文件，渲染该场景可以得到图 14-17 所示的效果。

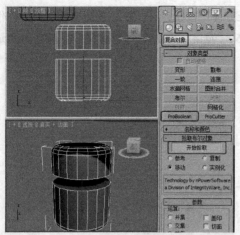

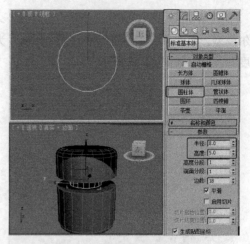

图 14-36   图 14-37

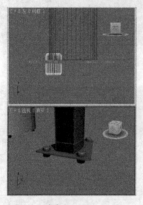

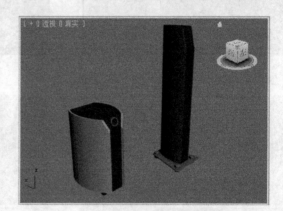

图 14-38   图 14-39

14.3   实例 15——DVD

【案例学习目标】学习 ProBoolean 工具和编辑多边形修改器制作 DVD。

【案例知识要点】本例介绍使用"切角长方体、矩形、圆环、长方体、圆柱体、切角圆柱体、ProBoolean"工具，结合使用"编辑多边形"修改器制作 DVD 模型，观看效果如图 14-40 所示。

图 14-40

【效果图文件所在的位置】随书附带光盘 Scene\cha14\DVD.max。

（1）单击"   （创建）>   （几何体）>切角长方体"按钮，在"顶"视图中创建切角长方体作为 DVD，在"参数"卷展栏中设置"长度"为 50、"宽度"为 80、"高度"为 10，"圆角"为 2、"长度分段"为 3、"圆角分段"为 3，调整其合适的角度和位置，如图 14-41 所示。

（2）为模型施加"编辑多边形"修改器，将选择集定义为"顶点"，在"左"视图中调整顶点合适的位置，如图 14-42 所示。

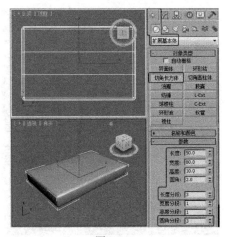

图 14-41

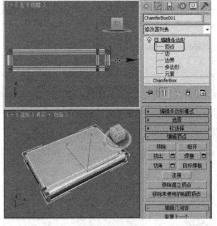

图 14-42

（3）将选择集定义为"多边形"，选择如图 14-43 所示的多边形。

（4）在"编辑多边形"卷展栏中单击"倒角"后的"▢"按钮，在弹出的小盒中设置类型为"局部法线"、"高度"为-0.3、"轮廓"为-0.2、单击"✓"按钮，如图 14-44 所示。

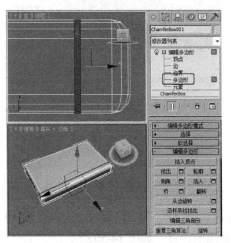

图 14-43

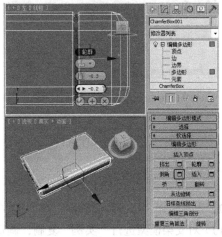

图 14-44

（5）将选择集定义为"顶点"，在"前"视图中对顶点进行调整，如图 14-45 所示，关闭选择集。

（6）单击"✳（创建）> ⭕（几何体）> 长方体"按钮，在"顶"视图中创建长方体作为布尔模型，在"参数"卷展栏中设置"长度"为 1、"宽度"为 90、"高度"为 0.4，调整其合适的角度和位置，如图 14-46 所示。

（7）在场景中选择 DVD 模型，单击"✳（创建）> ⭕（几何体）> 复合对象 > ProBoolean"按钮，在"拾取布尔对象"卷展栏中单击"开始拾取"按钮，拾取场景中作为布尔对象的长方体模型，如图 14-47 所示。

（8）单击"✳（创建）> ▱（图形）> 矩形"按钮，在"顶"视图中创建矩形，在"参数"卷展栏中设置"长度"为 4、"宽度"为 75、"角半径"为 1，调整图形的位置，如图 14-48 所示。

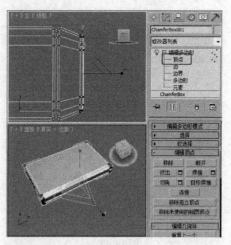

图 14-45

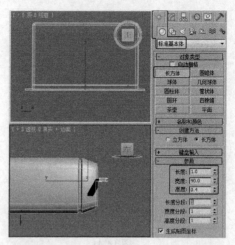

图 14-46

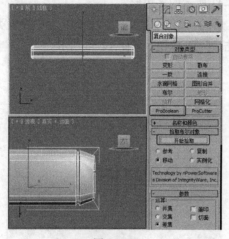

图 14-47

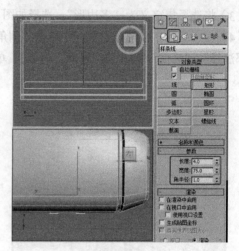

图 14-48

（9）为其施加"挤出"修改器，在"参数"卷展栏中设置"数量"为 0.5，如图 14-49 所示。

（10）对支架模型进行"实例"复制，调整其合适的位置，如图 14-50 所示。

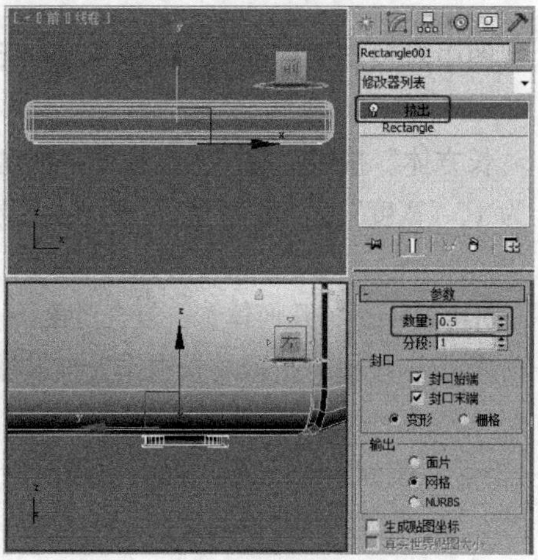

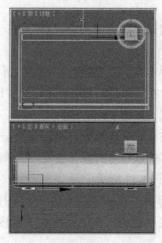

图 14-49

图 14-50

（11）单击"　（创建）>　（几何体）> 长方体"按钮，在"顶"视图中创建长方体作为开关按钮，在"参数"卷展栏中设置"长度"为 1、"宽度"为 8、"高度"为 1.5，调整其合适的角度和位置，如图 14-51 所示。

（12）对做出的所有模型进行"实例"复制，调整其合适的位置，如图 14-52 所示。

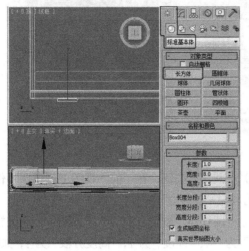
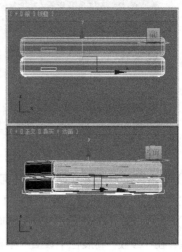

图 14-51　　　　　　　　　　　　　　　　　图 14-52

（13）继续创建长方体，并对长方体进行复制，调整其合适的大小和位置，如图 14-53 所示。

（14）单击"　（创建）>　（几何体）> 切角圆柱体"按钮，在"顶"视图中创建切角圆柱体作为旋转开关底座，在"参数"卷展栏中设置"半径"为 2.5、"高度"为 1、"圆角"为 0.2、"圆角分段"为 1、"边数"为 20，如图 14-54 所示。

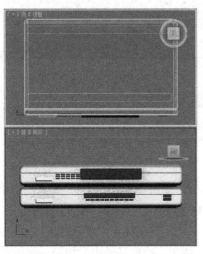

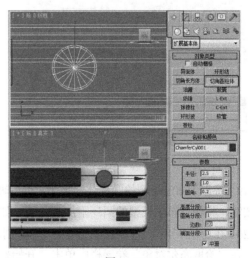

图 14-53　　　　　　　　　　　　　　　　　图 14-54

（15）对旋转开关底座模型进行复制，作为旋转开关，切换到　（修改）命令面板，在"参数"卷展栏中设置"半径"为 2、"高度"为 3、"圆角"为 0.2、"圆角分段"为 2、"边数"为 20，如图 14-55 所示。

（16）对旋转开关底座和旋转开关模型进行复制，调整其合适的位置，如图 14-56 所示。

图 14-55   图 14-56

（17）单击"🔲（创建）> 🔘（几何体）> 圆环"按钮，在"前"视图中创建圆环作为布尔模型，在"参数"卷展栏中设置"半径 1"为 0.5、"半径 2"为 0.1，如图 14-57 所示。

（18）单击"🔲（创建）> 🔘（几何体）> 圆柱体"按钮，在"前"视图中创建圆柱体作为布尔模型，在"参数"卷展栏中设置"半径 1"为 0.4、"高度"为 1，"高度分段"为 1，如图 14-58 所示。

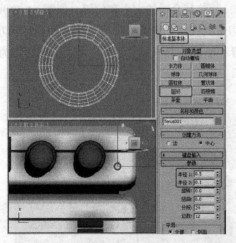

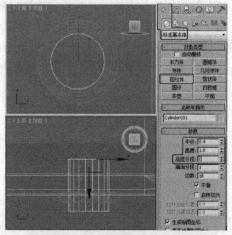

图 14-57   图 14-58

（19）将作为布尔模型的圆柱体转换为"可编辑多边形"，在"编辑几何体"卷展栏中单击"附加"按钮，将作为布尔模型的圆环附加到一起，如图 14-59 所示，关闭"附加"按钮。

（20）在场景中选择 DVD 模型，单击"🔲（创建）> 🔘（几何体）> 复合对象 > ProBoolean"按钮，在"拾取布尔对象"卷展栏中单击"开始拾取"按钮，拾取场景中附加到一起的布尔对象模型，如图 14-60 所示。

（21）完成的 DVD 模型，如图 14-61 所示，完成的场景模型可以参考随书附带光盘"Scene > cha14 > DVD.max"文件。完成 DVD 模型场景效果的设置，可以参考随书附带光盘中的"Scene > cha14 > DVD 场景.max"文件，该文件是设置好场景的场景效果文件，渲染该场景可以得到图 14-40 所示的效果。

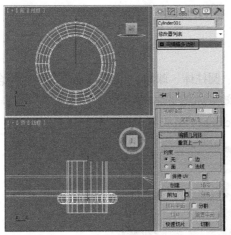

图 14-59

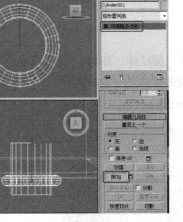

图 14-60

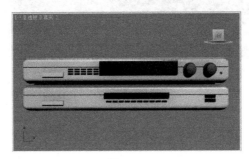

图 14-61

课堂练习——制作柠檬榨汁机

【练习知识要点】本例介绍使用"球体、线、星形、椭圆、圆柱体、放样"工具，结合使用"壳、可编辑多边形"修改器，制作柠檬榨汁机模型，观看效果如图 14-62 所示。

【效果图文件所在的位置】随书附带光盘 Scene\cha14\柠檬榨汁机.max。

图 14-62

课后习题——制作微波炉

【习题知识要点】本例介绍使用"切角长方体、圆柱体、球体、ProBoolean"工具，结合使用"可编辑多边形"修改器，制作微波炉模型，观看效果如图 14-63 所示。

【效果图文件所在的位置】随书附带光盘 Scene\cha14\微波炉.max。

图 14-63

第15章

室内效果图的制作

在前面的章节中介绍了一些效果图中装饰构件模型灯光和摄影机的设置，在本章将为大家介绍室内效果图的制作，其中包括客厅、会议室、多功能厅和卧室等一些室内效果在 3ds max 中的制作和设置。

课堂学习目标

- 了解室内空间的功能
- 了解室内装饰的风格
- 掌握室内效果图的设计构思
- 掌握室内效果图的表现方法
- 掌握室内效果图的制作技巧

15.1 实例 16——客厅

15.1.1 案例分析

客厅是家人团聚、起居、休息、会客、娱乐、视听活动等多种功能的居室。根据房屋的面积标准，有时兼具就餐、工作、学习功能，甚至局部设置具备坐卧功能的家具等，因此客厅是活动最为集中、使用频率最高的核心室内空间。本例将以一套简单的客厅为例，重点讲解客厅空间的设计与制作方法。

这是一套紧凑户型的两室一厅户型，内部呈现宽敞、通透、实用的家居空间。客厅的设计采用现代清新风格，整个空间简洁明快、自然流畅。室内家具则采用条纹和斑点，同时搭配蓝色的空间色调使得空间呈现清新的色调。

在制作过程中，首先制作客厅空间框架以及地面，然后使用矩形工具并辅以编辑样条线修改器制作落地窗，最后选择文件菜单中的合并命令对常用家具模型进行合并。

15.1.2 案例设计

本案例设计流程图如图 15-1 所示。

图 15-1

15.1.3 案例制作

1. 制作客厅框架

（1）单击"⚹（创建）> ▣（图形）> 矩形"按钮，在"顶"视图中创建矩形，在"参数"卷展栏中设置"长度"为 7000、"宽度"为 3800，如图 15-2 所示。

（2）继续创建矩形，在"参数"卷展览中设置"长度"为 2140、"宽度"为 3200，并在场景中调整矩形的位置，如图 15-3 所示。

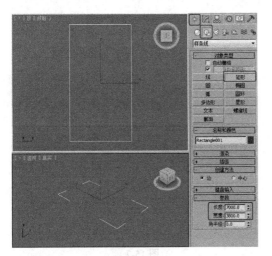

图 15-2

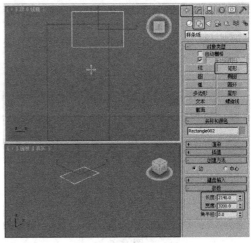

图 15-3

（3）在场景中选择较大的矩形，切换到 （修改）命令面板，在修改器列表中为其施加"编辑样条线"修改器，在"几何体"卷展栏中单击"附加"按钮，在场景是拾取较小的矩形，将其附加为一个图形，如图 15-4 所示。

（4）将选择集定义为"样条线"，在"几何体"卷展栏中单击"修剪"按钮，在场景中修建多余的线段，如图 15-5 所示。

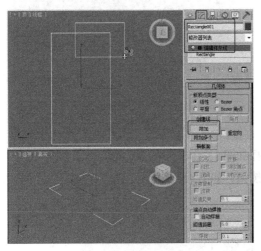

图 15-4

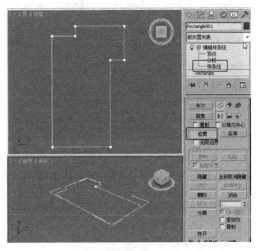

图 15-5

（5）将选择集定义为"顶点"，按 Ctrl+A 组合键，全选顶点，在"几何体"卷展栏中单击"焊接"按钮，使用默认的焊接参数即可，如图 15-6 所示。

（6）将选择集定义为"样条线"，在"几何体"卷展栏中单击"轮廓"按钮，在场景中设置样条线的轮廓，如图 15-7 所示。

（7）关闭选择集，在修改器列表中为图形施加"挤出"修改器，在参数卷展栏中设置"数量"为 3120、"分段"为 3，如图 15-8 所示。

（8）为模型施加"编辑多边形"，将选择集定义为"顶点"，在场景中调整顶点，如图 15-9 所示。

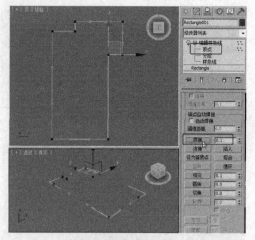

图 15-6

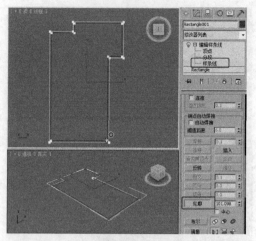

图 15-7

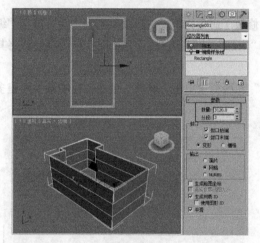

图 15-8

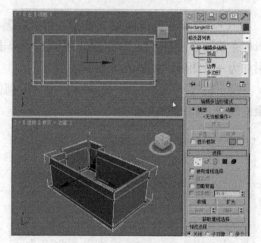

图 15-9

（9）将选择集定义为"多边形"，在场景中选择如图 15-10 所示的多边形。

（10）在"编辑多边形"卷展栏中单击"桥"按钮，如图 15-11 所示。

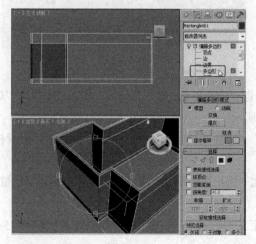

图 15-10

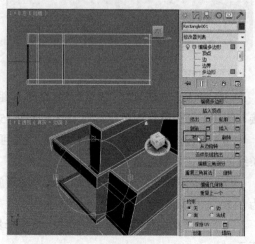

图 15-11

（11）在"前"视图中创建合适大小的矩形作为窗框界面图形，如图 15-12 所示。

（12）为矩形施加"编辑样条线"修改器，将选择集定义为"样条线"，按住 Shift 键，移动复制样条线，将选择集定义为"顶点"，在场景中调整顶点，如图 15-13 所示复制并调整样条线的形状。

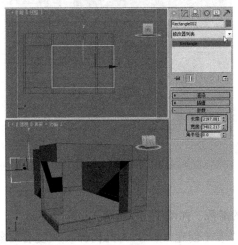
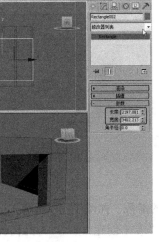

图 15-12   图 15-13

（13）调整好窗框后为其施加"挤出"修改器，设置"数量"为 50，调整模型的位置，并为模型进行复制，对复制的模型进行修改，如图 15-14 所示。

（14）在场景中选择作为墙体的模型，将选择集定义为"多边形"，在场景中选择如图 15-15 所示的多边形。

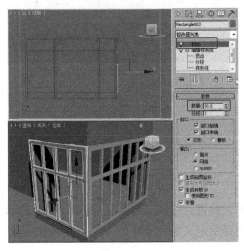
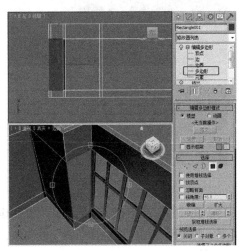

图 15-14   图 15-15

注意　修改窗框可以在修改器堆栈中回到"编辑样条线"修改器，调整图形，调整图形后，再回到"挤出"修改器即可。

（15）在"编辑多边形"卷展栏中单击"桥"按钮，如图 15-16 所示。

（16）复制并修改窗框到如图 15-17 所示的位置。

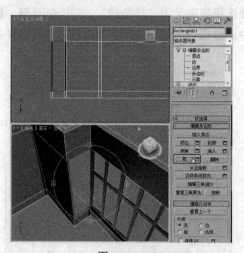

图 15-16

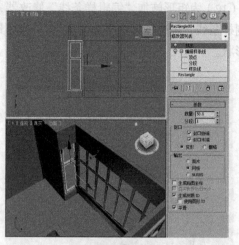

图 15-17

（17）在"左"视图中创建长方体，设置合适的参数，如图 15-18 所示。

（18）在场景中选择作为墙体的模型，单击"※（创建）> ◎（几何体）> 复合对象 > ProBoolean"按钮，在"拾取布尔对象"卷展栏中单击"开始拾取"按钮，在场景中拾取长方体，如图 15-19 所示。

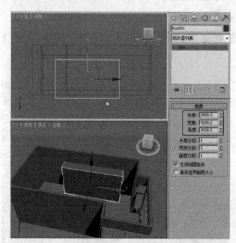

图 15-18

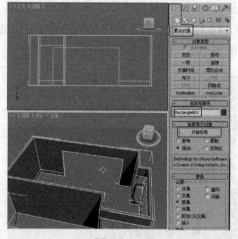

图 15-19

（19）在"左"视图布尔出的墙洞位置创建矩形，设置合适的参数即可，如图 15-20 所示。

（20）为矩形施加"编辑样条线"修改器，将选择集定义为"分段"，将底端的分段删除，如图 15-21 所示。

（21）将选择集定义为"样条线"，在"几何体"卷展栏中设置"轮廓"为 100，如图 15-22 所示。

（22）为图形施加"挤出"修改器，在"参数"卷展栏中设置"数量"为 120，如图 15-23 所示，调整模型的位置。

（23）在"左"视图中创建作为推拉门框的矩形，设置合适的参数即可，如图 15-24 所示。

（24）为矩形施加"编辑样条线"修改器，将选择集定义为"样条线"，在"几何体"卷展栏中设置"轮廓"为 60，如图 15-25 所示。

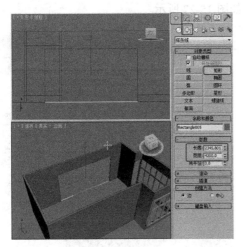

图 15-20

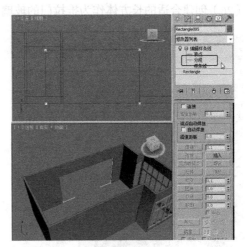

图 15-21

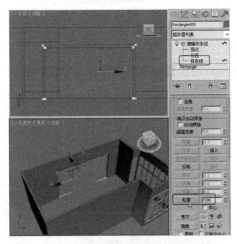

图 15-22

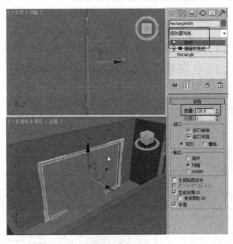

图 15-23

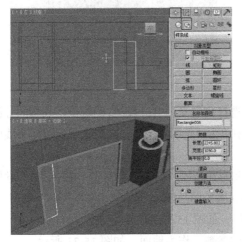

图 15-24

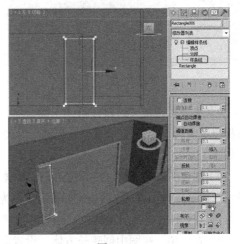

图 15-25

（25）关闭选择集，为图形施加"挤出"修改器，在"参数"卷展栏中设置"数量"为 50，如图 15-26 所示。

（26）创建合适的长方体作为推拉门的玻璃，如图 15-27 所示。

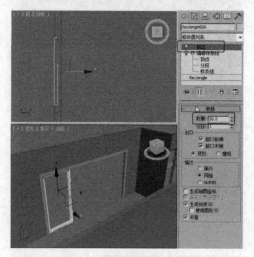

图 15-26

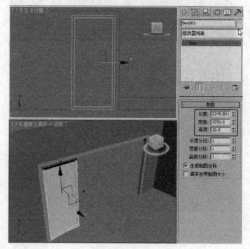

图 15-27

（27）创建如图 15-28 所示的长方体，作为玻璃门的隔断。

（28）在场景中复制推拉门模型，在如图 15-29 所示的位置创建矩形设置合适的参数。

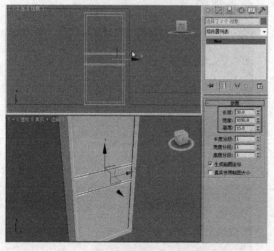

图 15-28

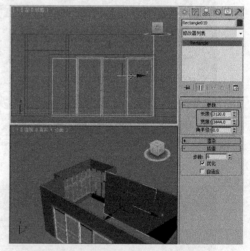

图 15-29

（29）为矩形施加"编辑样条线"修改器，将选择集定义为"分段"，删除矩形底端的分段，将选择集定义为"样条线"，在"几何体"卷展栏中单击"轮廓"按钮，在场景中设置样条线的轮廓，如图 15-30 所示。

（30）调整图形的形状，使其覆盖正面墙体，并为其施加"挤出"修改器，在"参数"卷展栏中设置"数量"为 100，如图 15-31 所示，作为影视墙的凹凸墙。

（31）在如图 15-32 所示的位置创建影视背景墙，如图 15-32 所示。

（32）在"顶"视图中创建长方体，设置合适的参数，作为地面，如图 15-33 所示。

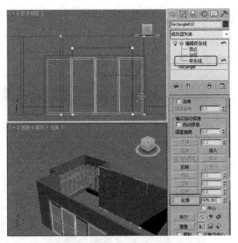

图 15-30

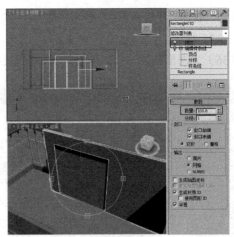

图 15-31

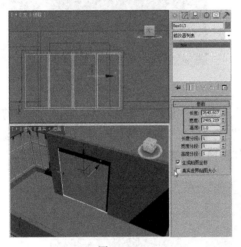

图 15-32

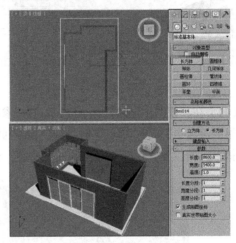

图 15-33

（33）在场景中复制地面作为顶，如图 15-34 所示。

（34）在顶的位置创建合适的矩形，如图 15-35 所示。

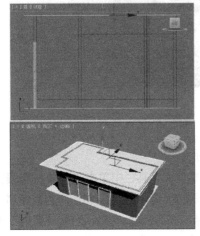

图 15-34

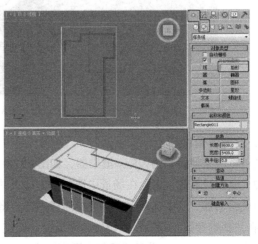

图 15-35

（35）取消"开始新图形"选项的勾选，并在矩形的中心位置创建圆角矩形，设置合适的参数，如图 15-36 所示。

（36）为图形施加"挤出"修改器，设置合适的参数，作为吊顶，如图 15-37 所示。

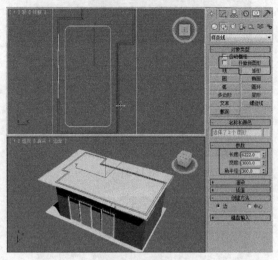

图 15-36

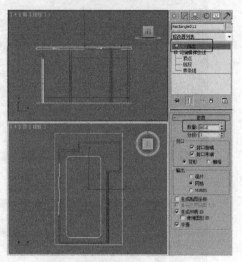

图 15-37

（37）在顶视图中创建目标摄影机，在"参数"卷展栏中设置"镜头"为 35mm，在"剪切平面"租中勾选"手动剪切"选项，设置"近距剪切"为 2000、"远距剪切"为 11000，并在场景中调整摄影机的位置，选择"透视"图按 C 键，将其转换为摄影机视图，如图 15-38 所示。

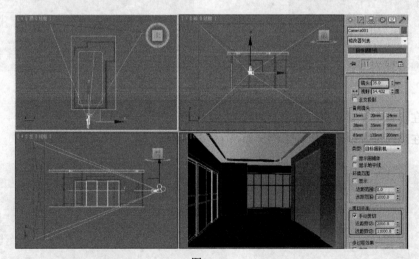

图 15-38

2. 设置场景材质

（1）将渲染器转换为 VRay 渲染器，如图 15-39 所示。

（2）地板材质的设置，在场景中选择作为地板的模型，在工具栏中单击" ![icon] （材质编辑器）"打开材质编辑器，从中选择一个新的材质样本球，将材质转换为 VRayMtl 材质，为其命名为"地板"，在"基本参数"卷展栏中设置"漫反射"的红、绿、蓝为 255、255、255，"反射"的红、绿、蓝为 17、17、17，设置"反射光泽度"为 0.6，如图 15-40 所示。

图 15-39

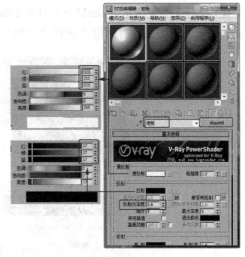

图 15-40

（3）在"贴图"卷展栏中为"漫反射"指定位图贴图，贴图位于随书附带光盘"Map＞cha15＞15.1＞1125594622.jpg"文件，并将贴图拖曳到"凹凸"后的"Nonc"上，在弹出的快捷菜单中选择"复制"选项，如图 15-41 所示，单击"（将材质制定给场景中的选定对象）"按钮，将材质指定给场景中选择的地板模型。

（4）在场景中选择地板模型，为其施加"UVW 贴图"修改器，在"参数"卷展栏中选择类型为"长方体"，设置"长度"为 770、"宽度"为 450、"高度"为 10，如图 15-42 所示。

图 15-41

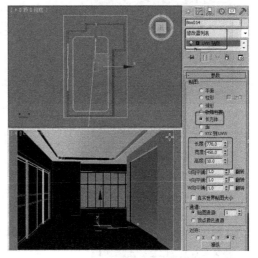

图 15-42

（5）在场景中选择作为墙体的模型，在材质编辑器中选择一个新的材质样本球，将材质转换为 VRayMtl 材质，为其命名为"墙体"，在"基本参数"卷展栏中设置"漫反射"的红、绿、蓝为 180、224、255，如图 15-43 所示，单击"（将材质制定给场景中的选定对象）"按钮，将材质指定给场景中的选定对象。

（6）在场景中选择作为影视墙的模型，在材质编辑器中选择一个新的材质样本球，将材质转换为 VRayMtl 材质，为其命名为"影视墙"，在"贴图"卷展栏中为"漫反射"指定位图贴图，贴图位于随书附带光盘"Map > cha15 > 15.1 > dddd.jpg"文件，将漫反射贴图拖曳到"凹凸"后的"None"按钮，在弹出的对话框中选择"实例"选项，如图 15-44 所示。

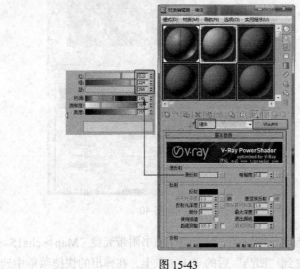

图 15-43　　　　　　　　　　　　　　　　　　图 15-44

（7）进入"漫反射"贴图层级，在"位图参数"卷展栏中勾选"应用"选项，单击"查看图像"按钮，在弹出的对话框中裁剪图像，如图 15-45 所示，单击"（将材质制定给场景中的选定对象）"按钮，将材质指定给场景中的选定对象。

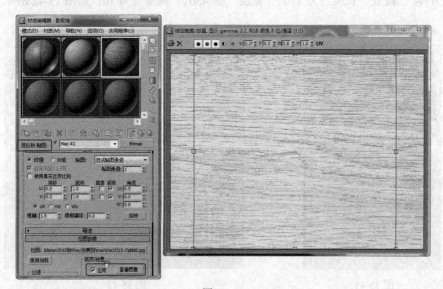

图 15-45

（8）在场景中为影视墙模型施加"UVW 贴图"修改器，在"参数"卷展栏中选择贴图类型为"长方体"，设置"长度"为600、"宽度"为720、"高度"为50，如图 15-46 所示。

（9）在场景中选择作为顶的模型，在材质编辑器中选择一个新的材质样本球，设置"漫反射"的红、绿、蓝为250、250、250，如图 15-47 所示，单击"（将材质制定给场景中的选定对象）"按钮，将材质指定给场景中的选定对象。

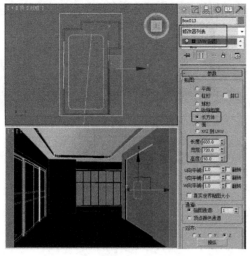

图 15-46

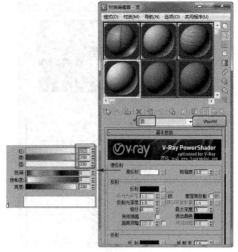

图 15-47

（10）在场景中选择推拉门框和窗框模型，选择一个新的材质样本球，将其材质转换为 VRayMtl 材质，并为其命名为"白色—铝塑"，在"基本参数"卷展栏中设置"漫反射"的红、绿、蓝为 255、255、255，设置"反射"的红、绿、蓝为 35、35、35，设置"反射光泽度"为 0.8，如图 15-48 所示。

（11）在场景中选择推拉门玻璃模型，选择一个新的材质样本球，将其转换为 VRayMtl 材质，为其命名为"推拉门玻璃"，在"基本参数"卷展栏中设置"反射"的红、绿、蓝为 8、61、91，设置"折射"的红、绿、蓝为 87、87、87，并设置"光泽度"为 0.8，如图 15-49 所示。

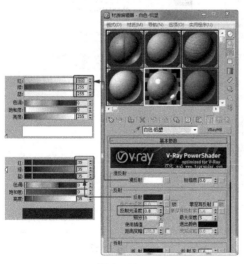

图 15-48

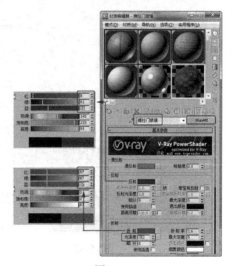

图 15-49

（12）在"贴图"卷展栏为"漫反射"指定位图贴图，贴图位于随书附带光盘"Map > cha15 > 15.1 > 1151677682.jpg"文件，并将漫反射的位图贴图拖曳复制到"凹凸"后的"None"按钮上，在弹出的对话框中选择"复制"选项，如图 15-50 所示。

（13）进入凹凸贴图层级，在"输出"卷展栏中勾选"反转"选项，如图 15-51 所示，单击"（将材质制定给场景中的选定对象）"按钮，将材质指定给场景中的选定对象。

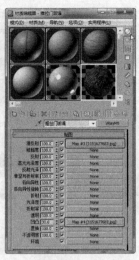
图 15-50

图 15-51

（14）在场景中为推拉门玻璃施加"UVW 贴图"修改器，在"参数"卷展栏中选择贴图类型为"长方体"，设置"长度"为 500、"宽度"为 50、"高度"为 500，如图 15-52 所示。

3. 合并场景

接下来导入家具装饰场景。

（1）单击软件左上角的图标按钮，在弹出的菜单中选择"导入 > 合并"命令，如图 15-53 所示。

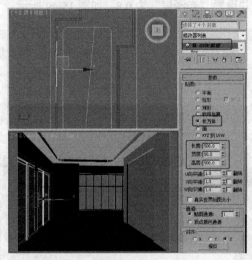
图 15-52

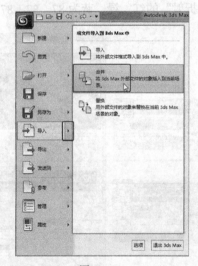
图 15-53

（2）在弹出的对话框中选择随书附带光盘"Scene > cha15 > 15.1"文件中"窗帘.max"场景文件，单击"打开"按钮，如图 15-54 所示。

（3）在弹出的对话框中选择列表中的窗帘，单击"确定"按钮，如图 15-55 所示。

（4）将窗帘合并到场景后，调整模型的大小和位置，调整到合适即可，如图 15-56 所示。

（5）合并电视组合模型到场景，调整各个模型的大小，如图 15-57 所示，使用同样的方法将其他模型合并到场景中。

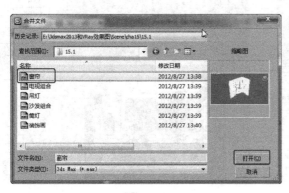

图 15-54

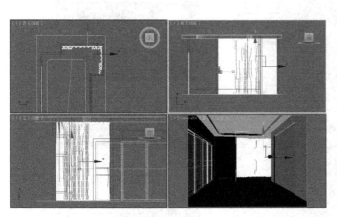

图 15-56

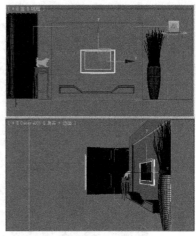

图 15-55

图 15-57

注意　合并到场景中的文件时成组后的模型，可以讲模型"打开"进行单独编辑，调整完成后"关闭"组即可。

4. 设置环境和测试渲染

（1）单击"※（创建）> ◻（图形）> 弧"按钮，在"顶"视图中创建弧，设置合适的参数即可，如图 15-58 所示。

（2）为弧施加"编辑样条线"修改器，并将选择集定义为"样条线"，在"几何体"卷展栏中单击"轮廓"按钮，在场景中设置弧的轮廓，如图 15-59 所示，关闭"轮廓"按钮。

（3）关闭选择集，在修改器列表中选择"挤出"修改器，设置合适的"数量"，调整模型的位置，如图 15-60 所示。

（4）打开材质编辑器，选择一个新的材质样本球，将材质转换为"VR_发光材质"，在"参数"卷展栏中设置颜色倍增为 2，并单击后面的"None"按钮，在弹出的对话框中选择位图贴图，贴图位于随书附带光盘"Map > cha15 > 15.1 > 009_background.jpg"文件，如图 15-61 所示。

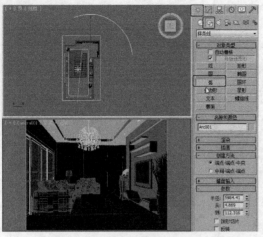

图 15-58

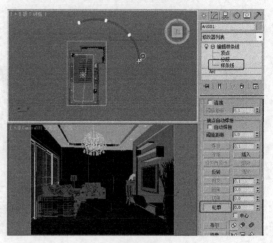

图 15-59

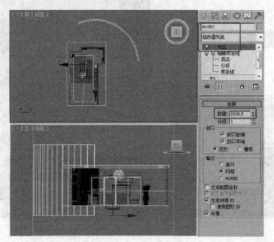

图 15-60

图 15-61

（5）在工具栏中单击"$\boxed{}$（渲染设置）"按钮，打开"渲染设置"面板，选择"VR_基项"选项卡，在"V-Ray::图像采样器（抗锯齿）"卷展栏中选择"图像采样器"类型为"固定"，选择"抗锯齿过滤器"为"区域"，如图 15-62 所示。

（6）选择"VR_间接照明"选项卡，在"V-Ray::间接照明（全局照明）"卷展栏中勾选"开启"选项，选择"首次反弹"的"全局光引擎"为"发光体图"；"二次反弹"的"全局光引擎"为"灯光缓存"；在"V-Ray::发光贴图"卷展栏中选择"当前预置"为"非常低"，勾选"显示计算过程"和"显示直接照明"选项，如图 15-63 所示。

（7）在"V-Ray::灯光缓存"卷展栏中设置"细分"为 100，勾选"保存直接光"和"显示计算状态"选项，如图 15-64 所示。

（8）渲染当前场景得到如图 15-65 所示。

图 15-62

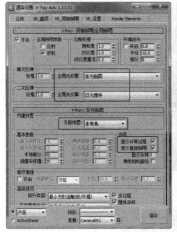  

图 15-63　　　　　　　　　　图 15-64　　　　　　　　　　图 15-65

5. 创建灯光

（1）单击"☀（创建）> ◁（灯光）> 标准 > 目标平行光"按钮，在"顶"视图中创建目标平行光，在场景中调整灯光的照射角度和位置，如图 15-66 所示；在"常规参数"卷展栏中勾选"阴影"组中的"启用"选项，选择阴影类型为"VRayShadow"；在"强度/颜色/衰减"卷展栏中设置"倍增"为 2.5，设置灯光的红、绿、蓝为 255、249、238；在"平行光参数"卷展栏中设置"聚光区/光束"为 4000、"衰减区/区域"为 4002；在"VRayShadows params"卷展栏中设置"U、V、W 向尺寸"均为 15。

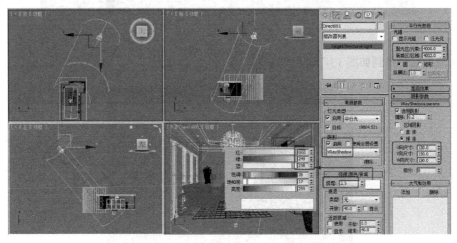

图 15-66

（2）在场景中选择平行光，在"常规参数"卷展栏中单击"排除"按钮，在弹出的对话框中选择作为背景的弧，将其排除灯光的照射，如图 15-67 所示。

（3）渲染场景得到如图 15-68 所示的效果。

（4）单击"☀（创建）> ◁（灯光）> VRay > VR_光源"按钮，在窗户的位置创建 VR 平面灯光，实例复制灯光，调整灯光的大小和照射角度，如图 15-69 所示。在"参数"卷展栏中设置"倍增器"为 1，设置灯光的红、绿、蓝为 181、216、254，在"选项"卷展栏中勾选"不可见"选项，取消"影响高光"、"影响反射"选项的勾选。

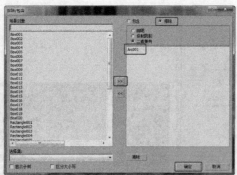

图 15-67

图 15-68

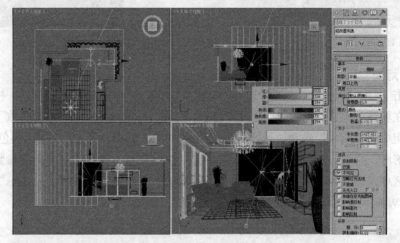

图 15-69

（5）渲染场景得到如图 15-70 所示的效果。

图 15-70

（6）复制灯光，设置灯光的"倍增器"为 1.6，如图 15-71 所示，设置灯光的蓝色稍微加深一些。

（7）渲染当前场景得到的效果如图 15-72 所示。

（8）在吊顶与顶之间创建 VR 光源平面灯光，作为灯池的光晕，调整灯光的位置和照射角度，并在"参数"卷展栏中设置"倍增器"为 2，"颜色"为白色，在"选项"组中勾选"不可见"和

"忽略灯光法线"选项，取消"影响高光"和"影响反射"选项的勾选，如图 15-73 所示。

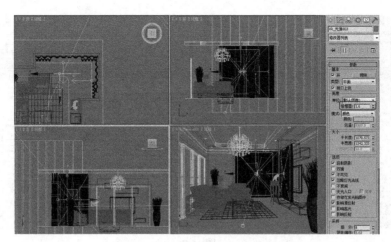

图 15-71

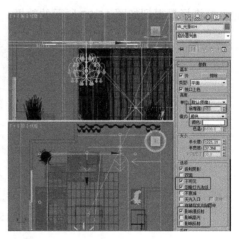

图 15-72　　　　　　　　　　　　　　　　　图 15-73

（9）在场景中复制灯光的光晕灯光，如图 15-74 所示。

（10）渲染场景的效果如图 15-75 所示。

图 15-74　　　　　　　　　　　　　　　　　图 15-75

（11）使用同样的参数在影视墙的位置创建光晕灯光，设置灯光的照射角度，如图 15-76 所示。

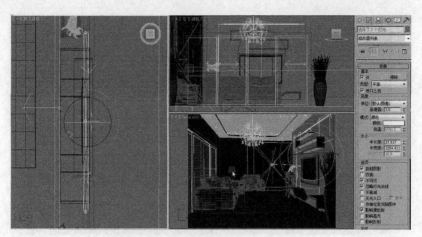

图 15-76

（12）渲染场景得到如图 15-77 所示的效果。

图 15-77

（13）按主键盘上的数字 8 键，打开环境和效果面板，设置背景的"颜色"红、绿、蓝为 112、152、198，如图 15-78 所示。

（14）渲染场景得到如图 15-79 所示的效果。

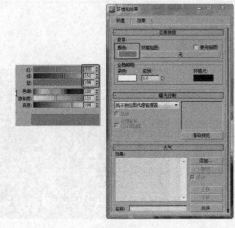

图 15-78

图 15-79

6. 设置最终渲染

（1）打开"渲染设置"面板，选择"VR_基项"选项卡，在"V-Ray::图像采样器（抗锯齿）"卷站栏中选择"图像采样器"类型为"仔细应 DMC"，选择"抗锯齿过滤器"为"Mitchell-Netravali"，如图 15-80 所示。

（2）选择"VR_间接照明"选项卡，在"V-Ray::间接照明（全局照明）"卷展栏中设置"饱和度"为 0.5；在"V-Ray::发光贴图"卷展栏中设置"当前预置"为"中"，如图 15-81 所示。

（3）在"V-Ray::灯光缓存"卷展栏中设置"细分"为 1000，如图 15-82 所示。

图 15-80

图 15-81

图 15-82

（4）选择"公用"选项卡，设置渲染的最终尺寸，如图 15-83 所示。

图 15-83

（5）对场景效果进行最终渲染，对渲染的图像进行存储，这里就不详细介绍了，在后面的章节中将为大家介绍客厅的后期处理，如图 15-84 所示。

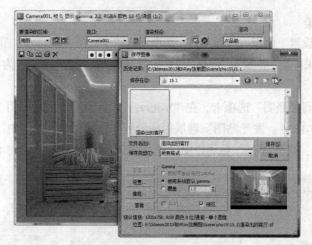

图 15-84

15.2 实例 17——会议室

15.2.1 案例分析

会议室，顾名思义就是供开会用的一个公共空间，设计会议室时应注意，室内布局应大方而简朴，能逼真的反映现场人物和会议室环境即可（当然会议室装修也会根据情况而定）。

本例讲述一个简约大方的商务会议室的效果，在该效果的设计上，我们以简约不失大方为宗旨，使会议室充分的利用空间，将装修重点放置到了门、墙、顶的装饰上，减少一些繁琐的配件装饰，从而营造出简约大方的效果。

15.2.2 案例设计

本案例设计流程图如图 15-85 所示。

图 15-85

15.2.3　案例制作

1. 导入图纸

（1）在软件的左上角处单击软件图标按钮，在弹出的菜单中选择"导入"命令，如图 15-86 所示。

（2）在弹出的对话框中选择随书附带光盘"Scene > cha15 > 15.2 > 会议室.dwg"文件，单击"打开"按钮，如图 15-87 所示。

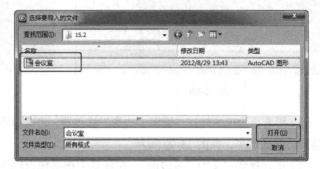

图 15-86　　　　　　　　　　　　　　　　　图 15-87

（3）在弹出的"AutoCADDWG/DWF 导入选项"对话框中使用默认的参数，如图 15-88 所示。

（4）导入的图形文件，如图 15-89 所示。

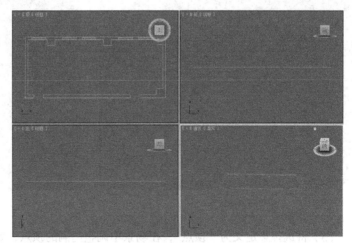

图 15-88　　　　　　　　　　　　　　　　　图 15-89

2. 制作会议室框架

（1）单击" （创建）> （图形）> 线"按钮，在顶视图中根据导入的图像墙体的位置创建图形，在门窗的位置创建顶点，如图 15-90 所示，这里可以忽略柱子的轮廓。

（2）切换到 （修改）命令面板，在修改器列表中选择"挤出"修改器，在"参数"卷展栏中设置"数量"为 3400，并设置"分段"为 3，如图 15-91 所示。

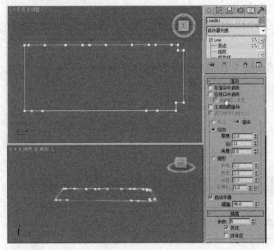
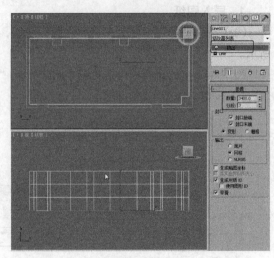

图 15-90   图 15-91

（3）接着再为模型施加"编辑多边形"修改器，将选择集定义为"顶点"，在场景中调整顶点，调整出门洞的大小，如图 15-92 所示。

（4）将选择集定义为"多边形"，在场景中选择作为门洞的多边形，在"编辑多边形"卷展栏中单击"挤出"后的" （设置）"按钮，在弹出的小盒中设置挤出高度为 280，单击" "按钮，如图 15-93 所示，挤出多边形后，将选择的多边形删除，做出窗洞。

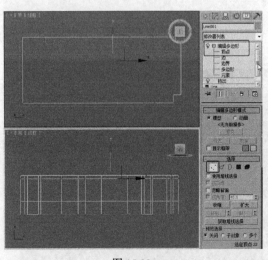
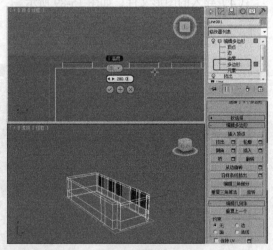

图 15-92   图 15-93

（5）将选择集定义为"顶点"，在场景中调整门洞的顶点，如图 15-94 所示。

（6）将选择集定义为"多边形"，在场景中选择作为门洞的多边形，在在"编辑多边形"卷展栏中单击"挤出"后的" （设置）"按钮，在弹出的小盒中设置挤出高度为 280，单击" "按钮，如图 15-95 所示，挤出多边形后，将选择的多边形删除，做出门洞。

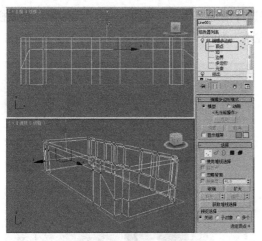

图 15-94

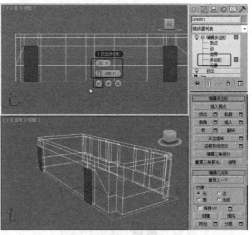

图 15-95

（7）单击"　（创建）>　（图形）> 矩形"按钮，在"后"视图中创建矩形，设置合适的
参数，作为窗框，如图 15-96 所示。

（8）为矩形施加"编辑样条线"修改器，将选择集定义为"样条线"，在"几何体"卷展栏中
单击"轮廓"按钮，在场景中设置矩形的轮廓，如图 15-97 所示。

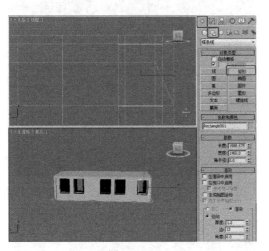

图 15-96

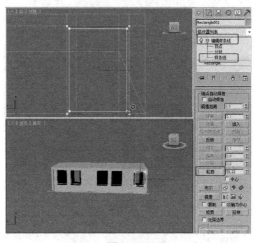

图 15-97

（9）单击"　（创建）>　（图形）> 矩形"按钮，将"开始新图形"取消勾选，并在"后"
视图中创建合适的矩形，作为窗框中间的隔断，如图 15-98 所示。

（10）将选择集定义为"样条线"，在"几何体"卷展栏中单击"修剪"按钮，在场景中修剪
出窗框的截面图形，如图 15-99 所示。

（11）将选择集定义为"顶点"，在场景中按 Ctrl+A 组合键，全选顶点，在"几何体"卷展栏
中单击"焊接"按钮，如图 15-100 所示。

（12）关闭选择集，在修改器列表中为作为窗框的图形施加"倒角"修改器，在"倒角值"卷
展栏中勾选"级别 2"选项，设置"高度"为 10、"轮廓"为 15；勾选"级别 3"选项设置"高度"
为 80，如图 15-101 所示。

（13）在窗框内侧的其中一个窗框洞位置创建矩形，设置合适的大小即可，如图 15-102 所示。

199

（14）为矩形施加"编辑样条线"修改器，将选择集定义为"样条线"，在"几何体"卷展栏中单击"轮廓"按钮，在场景中设置矩形合适的轮廓，如图 15-103 所示。

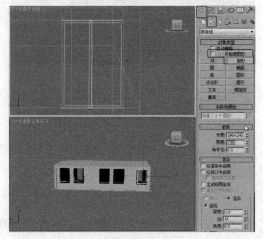

图 15-98

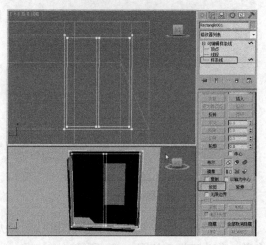

图 15-99

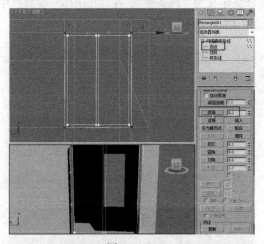

图 15-100

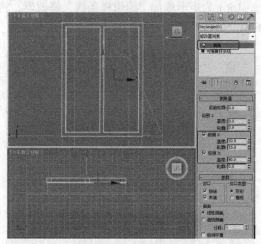

图 15-101

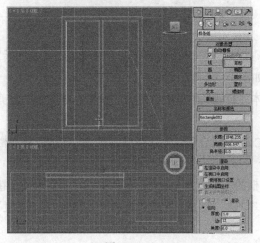

图 15-102

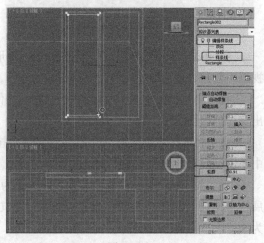

图 15-103

（15）在场景中移动实例复制模型，如图15-104所示。

（16）在场景中选择导入到场景中的DWG图形，鼠标右击图形，在弹出的快捷菜单中选择"冻结当前选择"命令，如图15-105所示。

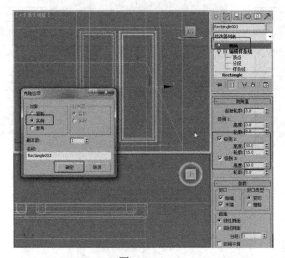

图15-104 　　　　　　　　　　　　　图15-105

（17）在门洞的位置创建作为门框的图形，如图15-106所示。

（18）将选择集定义为"样条线"，在场景中设置样条线的轮廓，如图15-107所示。

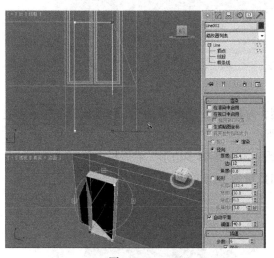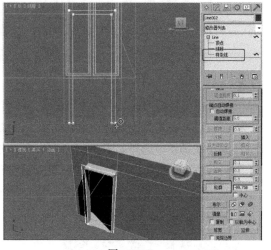

图15-106 　　　　　　　　　　　　　图15-107

（19）为图形施加"倒角"修改器，在"倒角值"卷展栏中设置"级别1"的"高度"为50、"轮廓"为0；勾选"级别2"选项，设置"高度"为10、"轮廓"为-10埋入土如图15-108所示。

（20）在门洞的位置创建合适大小的长方体，作为门，如图15-109所示。

（21）在场景中复制门框和门模型，如图15-110所示。

（22）在"顶"视图中创建长方体，作为柱子，在"参数"卷展栏中"长度"为605、"宽度"为810、"高度"85，设置"长度分段"为3、"宽度分段"为3、"高度分段"为3，在场景中以实例的方式复制模型，如图15-111所示。

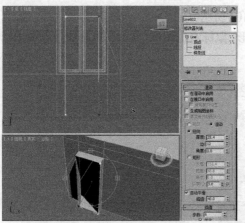

图 15-108

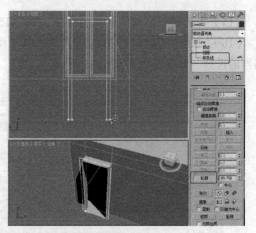

图 15-109

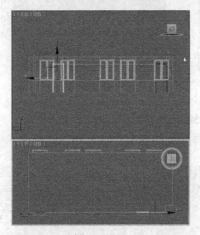

图 15-110

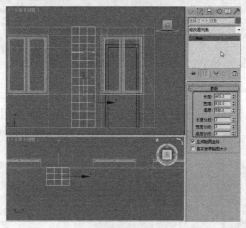

图 15-111

（23）在场景中选择其中一个竹子长方体模型，为其施加"编辑多边形"修改器，将选择集定义为"顶点"，在场景中调整顶点，如图 15-112 所示。

（24）在场景中选择如图 15-113 所示的多边形，在"编辑多边形"卷展栏中单击"挤出"后的"▢（设置）"按钮，在弹出的小盒中设置挤出数量为 10，单击"☑"按钮。

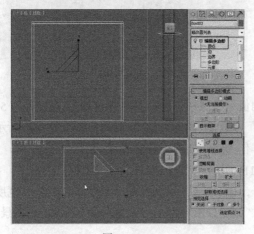

图 15-112

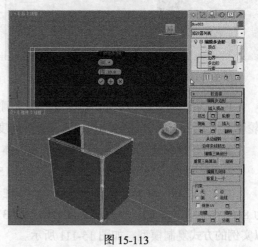

图 15-113

（25）调整模型后，关闭选择集，复制柱子模型，如图 15-114 所示。

（26）在"左"视图中创建长方体，在"参数"卷展栏中设置"长度"为 3464、"宽度"为 1400、"高度"为 100、"长度分段"为 3，如图 15-115 所示。

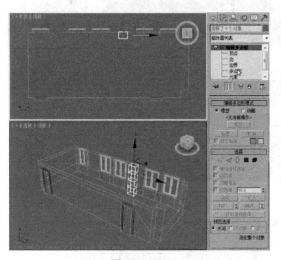
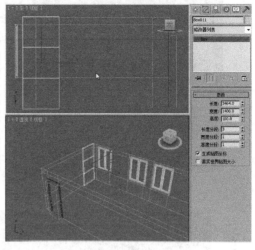

图 15-114　　　　　　　　　　　　　　　　　　图 15-115

（27）为长方体施加"编辑多边形"，将选择集定义为"多边形"，在场景中选择如图 15-116 所示的多边形，在"编辑多边形"卷展栏中单击"倒角"后的"▣（设置）"按钮，在弹出的小盒中设置倒角为 0、轮廓为-40，单击"☑"按钮。

（28）单击"挤出"后的"▣（设置）"按钮，在弹出的小盒中设置挤出数量为 10，如图 15-117 所示，单击"☑"按钮。

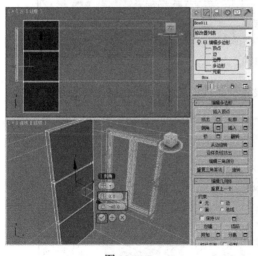

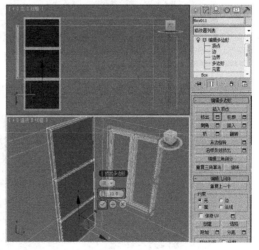

图 15-116　　　　　　　　　　　　　　　　　　图 15-117

（29）复制模型，如图 15-118 所示。

（30）调整模型的大小，如图 15-119 所示。

（31）在"顶"视图中创建图形，作为踢脚线，将选择集定义为"线段"，将门洞处的线段删除，如图 15-120 所示。

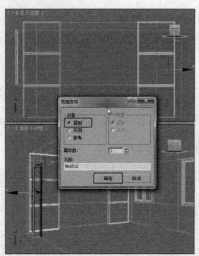

图 15-118

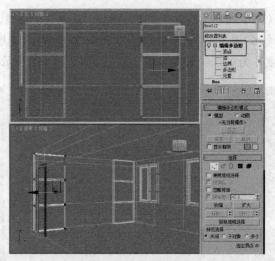

图 15-119

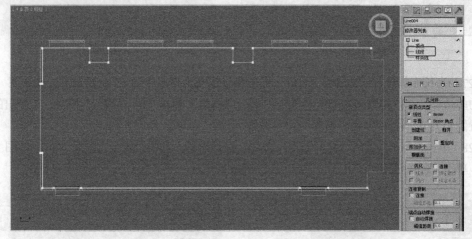

图 15-120

（32）将选择集定义为"样条线"，在场景中设置样条线的轮廓，如图 15-121 所示。

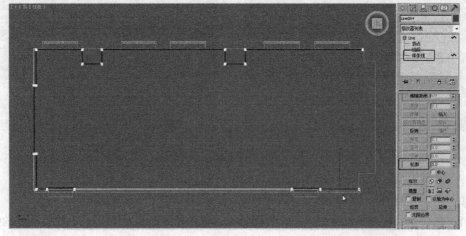

图 15-121

（33）关闭选择集，在修改器列表中选择"挤出"修改器，在"参数"卷展栏中设置"数量"为 154，并在场景中调整模型的位置，如图 15-122 所示。

（34）在顶视图中创建合适大小的顶矩形，如图 15-123 所示。

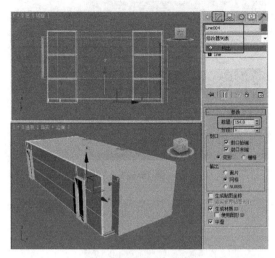
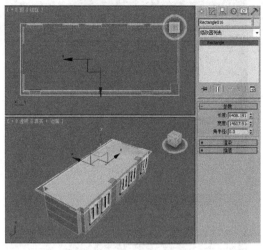

图 15-122   图 15-123

（35）将选择集定义为"样条线"，在场景中设置样条线的轮廓，如图 15-124 所示。

（36）调整样条线的轮廓后，为图形施加"挤出"修改器，并设置"数量"为 150，如图 15-125 所示。

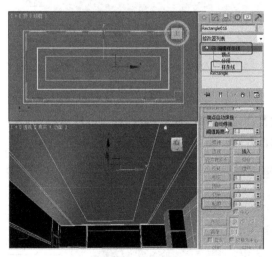
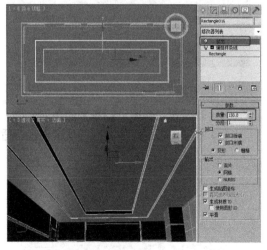

图 15-124   图 15-125

（37）在吊灯的中心位置创建矩形，设置合适的参数，作为灯池中的灯，如图 15-126 所示。

（38）为矩形施加"编辑样条线"修改器，将选择集定义为"样条线"，在场景中调整样条线的形状，为模型施加"挤出"修改器，设置合适的参数；创建长方体，作为发光的灯片，如图 15-127 所示。

（39）在"左"视图中创建平面，作为屏幕，如图 15-128 所示。

（40）在"前"视图中创建合适大小的圆柱体作为屏幕的卷轴，如图 15-129 所示。

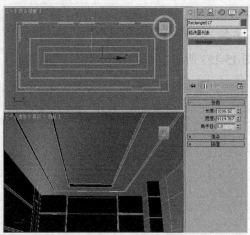

图 15-126

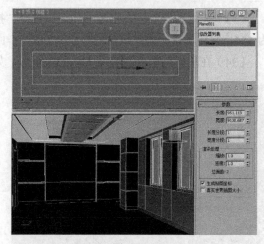

图 15-127

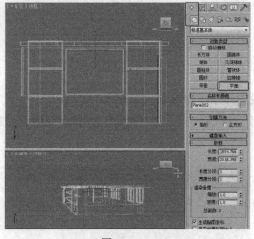

图 15-128

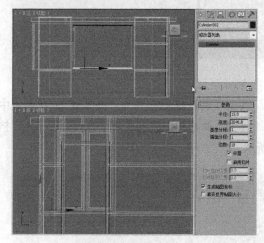

图 15-129

（41）在"顶"视图中创建平面作为地毯，设置合适的参数即可，如图 15-130 所示。

（42）在"前"视图中墙壁的位置创建合适的长方体，如图 15-131 所示。

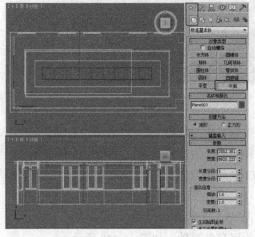

图 15-130

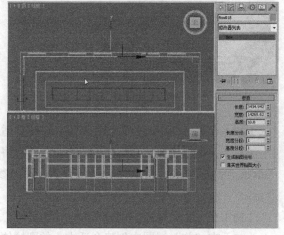

图 15-131

（43）在场景中选择室内框架模型，将选择集定义为"多边形"，选择地面的多边形，在"多边形：材质 ID"卷展栏中设置"设置 ID"为 1，如图 15-132 所示。

（44）按 Ctrl+I 键，反选多边形，设置"设置 ID"为 2，如图 15-133 所示。

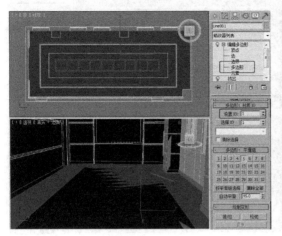
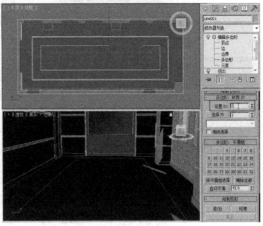

图 15-132   图 15-133

3. 设置材质

下面介绍场景模型材质的设置。

（1）打开材质编辑器，选择一个新的材质样本球，并将其材质转换为"多维/自对象"材质，在"设置数量"为 2，如图 15-134 所示。

（2）将（1）号材质设置为 VrayMtl 材质，在"贴图"卷展栏中为"漫反射"指定位图，贴图位于随书附带光盘"Map > cha15 > 15.2 > DT-012.jpg"文件，为"凹凸"指定位图，贴图位于随书附带光盘"Map > cha15 > 15.2 > as2_cloth_10_bump.jpg"，如图 15-135 所示。

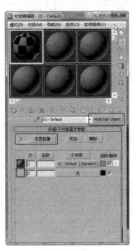

图 15-134   图 15-135

（3）将（2）号材质设置为 VrayMtl 材质，设置"漫反射"的红、绿、蓝为 171、151、133，如图 15-136 所示，在场景中选择框架模型，单击" （将材质制定给场景中的选定对象）"按钮，将材质指定给场景中的框架模型。

（4）在场景中为框架模型施加"UVW 贴图"修改器，在"参数"卷展栏中选择"贴图"类型为"平面"选项，设置"长度"为 1000，"宽度"为 1000，如图 15-137 所示。

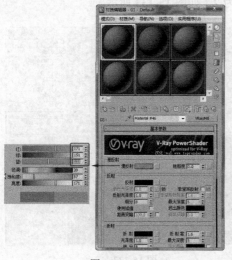

图 15-136　　　　　　　　　　　　　　　　　　图 15-137

（5）选择地毯模型为其设置材质。选择一个新的材质样本球，命名为地毯，将材质转换为 VRayMtl，在"贴图"卷展栏中为"漫反射"指定位图贴图，贴图位于随书附带光盘"Map > cha15 > 15.2 > 会议室地毯.jpg"贴图，为"凹凸"指定位图贴图，贴图位于随书附带光盘"Mpa > cha15 > 15.2 > 2765127.jpg"，如图 15-138 所示。

（6）进入凹凸贴图层级面板，在"坐标"卷展栏中设置"瓷砖"的 UV 均为 10，如图 15-139 所示。

图 15-138　　　　　　　　　　　　　　　　　图 15-139

（7）在场景中选择地毯模型，为其施加"UVW 贴图"修改器，使用默认的参数如图 15-140 所示。

（8）在场景中选择作为窗户墙面玻璃的长方体，选择一个新的材质样本球，将材质转换为

VRayMtl，设置"漫反射"的红绿蓝为 196、196、196，设置"折射"的红绿蓝为 240、240、240，设置"光泽度"为 0.75、"细分"为 20，如图 15-141 所示。

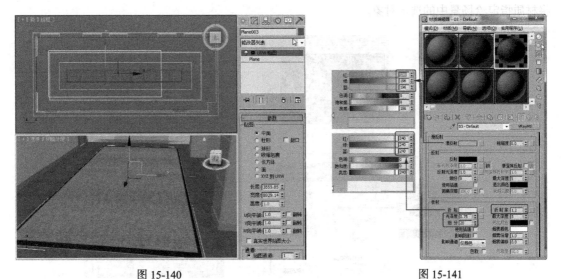

图 15-140   图 15-141

（9）在"贴图"卷展栏中为"折射"指定"衰减"贴图，如图 15-142 所示。

（10）进入折射贴图层级，在"衰减参数"卷展栏中设置第一个色块的红绿蓝为 218、218、218，第二个色块为黑色，如图 15-143 所示，单击"（将材质制定给场景中的选定对象）"按钮，将材质指定给场景中的选定对象。

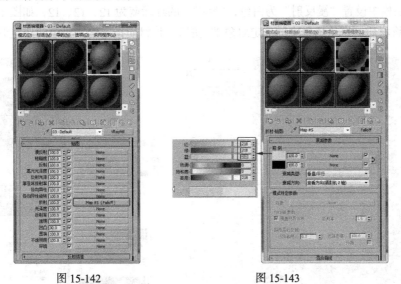

图 15-142   图 15-143

（11）在场景中选择铝塑窗框，选择一个新的材质样本球，将材质转换为 VRayMtl 材质，在"基本参数"卷展栏中设置"漫反射"为白色，"反射"的红、绿、蓝为 25、25、25，设置"反射光泽度"为 0.85，如图 15-144 所示，单击"（将材质制定给场景中的选定对象）"按钮，将材质指定给场景中的选定对象。

（12）在场景中选择木纹包墙和支柱模型，选择一个新的材质样本球，将材质转换为 VRayMtl

材质，在"贴图"卷展栏中为"漫反射"指定位图贴图，贴图位于随书附带光盘那"Map > Cha15 > 15.2 > 赤杨杉-8.jpg"，如图 15-145 所示，单击"（将材质制定给场景中的选定对象）"按钮，将材质指定给场景中的选定对象。

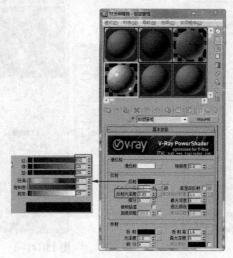

图 15-144　　　　　　　　　　　　　　　　图 15-145

（13）在场景中为木纹包墙和支柱模型施加"UVW 贴图"修改器，在"参数"卷展栏中选择"贴图"为"长方体"，设置"长度"、"宽度"为 1500，设置"高度"为 3550，如图 15-146 所示。

（14）在场景中选择吊顶模型，选择一个新的材质样本球，将材质转换为 VRayMtl，在"基本参数"卷展栏中设置"漫反射"为白色，"反射"的红绿蓝为 12、12、12，如图 15-147 所示，单击"（将材质制定给场景中的选定对象）"按钮，将材质指定给场景中的选定对象。

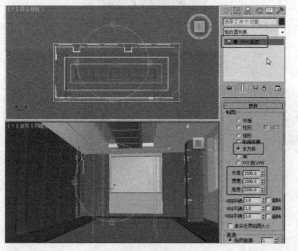
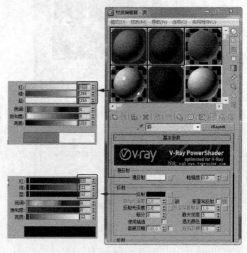

图 15-146　　　　　　　　　　　　　　　　图 15-147

（15）在场景中选择灯池中的灯和正面屏幕两端的卷轴模型，选择一个新的材质样本球，将材质转换为 VRayMtl 材质，在"基本参数"卷展栏中设置"漫反射"和"反射"的红、绿、蓝为 20、20、20，并设置"反射光泽度"为 0.9，如图 15-148 所示，单击"（将材质制定给场景中的选定对象）"按钮，将材质指定给场景中的选定对象。

（16）在场景中选择屏幕模型，将材质转换为 VR_发光材质，在"参数"卷展栏中为发光"颜色"后的"None"指定位图贴图，贴图位于随书附带光盘，如图 15-149 所示。

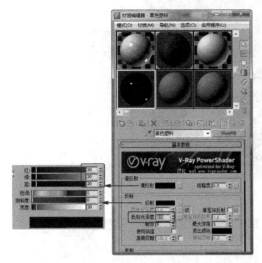

图 15-148

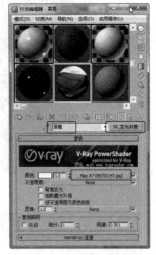

图 15-149

（17）简单的渲染场景如果看不到图像，可以为屏幕的平面施加一个"法线"修改器，如图 15-150 所示。

（18）在场景中选择灯池灯片，选择一个新的材质样本球，并将其转换为 VR_发光材质，如图 15-151 所示，单击"（将材质制定给场景中的选定对象）"按钮，将材质指定给场景中的选定对象。

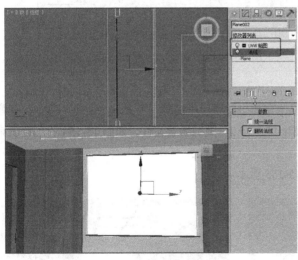

图 15-150

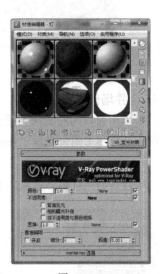

图 15-151

（19）如果灯片模型的法线出现错误，为其施加"法线"修改器，如图 15-152 所示。

（20）在场景中创建"目标"摄影机，在"参数"卷展栏中选择镜头为"35mm"，在"剪切平面"租中勾选"手动剪切"选项，并设置"近距剪切"为 2000、"远距剪切"为 17000，如图 15-153 所示。

图 15-152

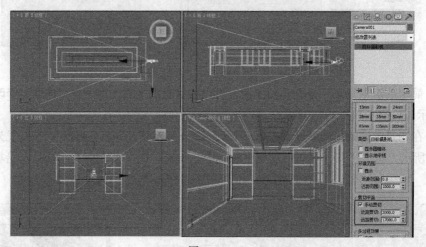

图 15-153

4. 合并场景

（1）单击窗口的左上角的图标按钮，在弹出的菜单中选择"导入 > 合并"命令，在弹出的对话框中选择随书附带光盘"Scene > Cha15 > 15.2"中的场景文件，如图 15-154 所示会议桌椅的效果。

（2）合并的筒灯模型效果，如图 15-155 所示。

图 15-154

图 15-155

（3）合并的画框模型，如图 15-156 所示。

（4）调整场景摄影机的角度和各个模型的位置大小，如图 15-157 所示。

图 15-156

图 15-157

5. 设置测试渲染场景

（1）打开渲染设置面板，并设置合适的渲染的尺寸，如图 15-158 所示。

（2）选择"VR_基项"选项卡，在"V-Ray∷全局开光"卷展栏中的"灯光"组中"关掉"缺省灯光。在"V-Ray∷图像采样器（抗锯齿）"卷展栏中选择"图像采样器"类型为"固定"，选择"抗锯齿过滤器"为"区域"，如图 15-159 所示。

图 15-158

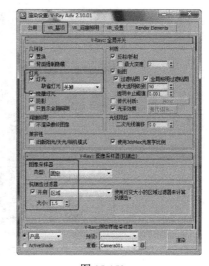

图 15-159

（3）按主键盘上的数字 8 键，打开"环境和效果"对话框，从中设置环境背景为浅蓝色，如图 15-160 所示。

（4）在渲染设置面板中选择"V-R 间接照明"选项卡，在"V-Ray∷间接照明（全局照明）"卷展栏中设置"首次反弹"的"全局光引擎"为"发光贴图"；选择"二次反弹"的"全局光引擎"为"灯光缓存"。

（5）在"V-Ray∷发光贴图"卷展栏中选择"当前预置"为"非常低"，勾选"显示计算过程"和"显示直接照明"选项，如图 15-161 所示。

（6）在"V-Ray∷灯光缓存"卷展栏中设置"细分"为 100，勾选"保存直接光"和"显示计算状态"选项，如图 15-162 所示。

图 15-160

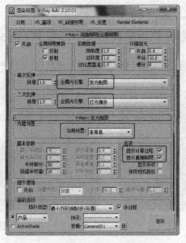

图 15-161

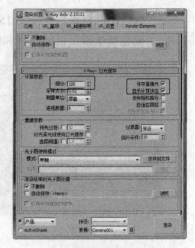

图 15-162

6. 创建灯光

（1）在"前"视图中窗户的位置创建 VR_光源，平面灯光，在"参数"卷展栏中设置"倍增器"为为 8，设置颜色的红、绿、蓝为 122、145、246，在"选项" 组中勾选"不可见"选项，取消对"影响反射"的勾选，如图 15-163 所示。

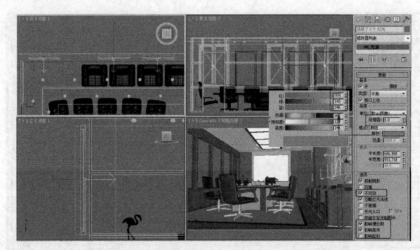

图 15-163

（2）测试渲染场景得到如图 15-164 所示的效果。

图 15-164

（3）打开渲染设置面板，选择"VR_基项"选项卡，在"V-Ray：：环境"卷展栏中，选择"全局照明环境（天光）覆盖"组中的"开"，设置色块的红绿蓝为 204、230、255，"倍增器"为 2；选择"反射/折射环境覆盖"组中的"开"，设置色块的红绿蓝为 154、211、255，"倍增器"为 8，如图 15-165 所示。

（4）渲染场景效果如图 15-166 所示。

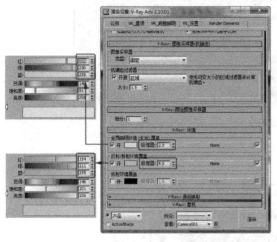

图 15-165　　　　　　　　　　　　　　　　　图 15-166

（5）在顶灯片的位置创建 VR_光源，平面灯光，设置"倍增器"为 15，在"选项"组中勾选"不可见"，取消"影响反射"选项的勾选，如图 15-167 所示。

（6）渲染场景得到如图 15-168 所示。

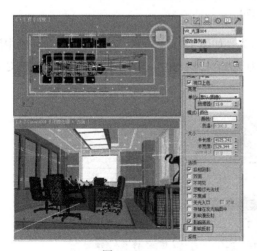

图 15-167　　　　　　　　　　　　　　　　　图 15-168

（7）在"左"视图中创建光度学"目标"灯光，调整灯光的位置，实例复制灯光，在"常规参数"卷展栏中选择"阴影"组中的"启用"选项，选择阴影类型为 VRayShadow，选择"灯光分布（类型）"为"光度学 Web"；在"分布（光度学 Web）"，指定 Web 灯光为"Scene > Cha15 > 15.2 > 筒灯（牛眼灯）.IES"文件；在"强度/颜色/衰减"卷展栏中设置强度为 2000，如图 15-169 所示。

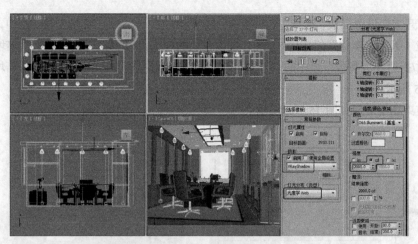

图 15-169

（8）渲染场景得到如图 15-170 所示。

图 15-170

（9）在吊顶的向内的区域创建 VR_光源平面灯光，如图 15-171 所示，在"参数"卷展栏中设置"倍增器"为 20，设置灯光的"颜色"红绿蓝为 255、238、203，对灯光进行复制，调整灯光的大小和照射角度。

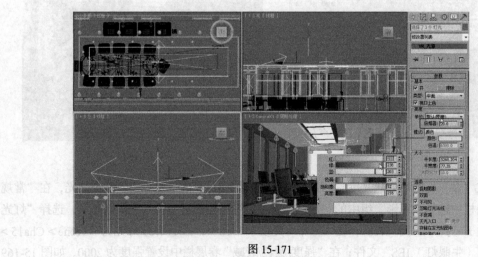

图 15-171

（10）渲染场景得到如图 15-172 所示的效果。

图 15-172

（11）在场景中正面墙体平面两侧的包墙位置创建 VR_光源平面灯光，调整灯光的位置和角度，如图 15-173 所示，设置与顶光晕相同的参数。

（12）渲染场景得到如图 15-174 所示的效果。

图 15-173

图 15-174

7.设置最终渲染

（1）创建灯光后，下面介绍场景的最终渲染设置。打开渲染设置面板，选择"VR_基项"选项卡，在"V-Ray∷图像采样器（抗锯齿）"卷展栏中选择"图像采样器"类型为"自适应 DMC"，选择"抗锯齿过滤器"为"Catmull-Rom"，如图 15-175 所示。

（2）选择"VR_间接照明"选项卡，在"V-Ray∷发光贴图"卷展栏中选择"当前预置"为"高"，如图 15-176 所示。

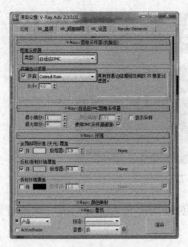

图 15-175　　　　　　　　　　　　图 15-176

（3）在"V-Ray：：灯光缓存"卷展栏中设置"细分"为 1500，如图 15-177 所示。

（4）设置最终渲染的尺寸，如图 15-178 所示。

图 15-177　　　　　　　　　　　　图 15-178

（5）将渲染出的效果进行存储，这里就不详细介绍了。在后面的章节中将为大家介绍会议室的后期处理。

课堂练习——制作多功能厅

【练习知识要点】本练习介绍多功能厅效果，如图 15-179 所示。其中主体框架是创建"长方体"结合使用"编辑多边形"，设置多边形的边"连接"设置出门洞窗洞的边，使用多边形"挤出"设置门洞窗洞，使用"长方体"结合"编辑多边形"设置隔断的效果，合并场景设置灯光和材质即可完成多功能厅的效果。

【效果图文件所在的位置】随书附带光盘 Scene\cha15\制作多功能厅.max。

图 15-179

课后习题——制作卧室

【习题知识要点】本练习介绍卧室效果，如图 15-180 所示。其中主体框架是创建"长方体"结合使用"编辑多边形"，设置多边形的边"连接"设置出窗洞的边，使用多边形"挤出"设置窗洞，合并场景设置灯光和材质即可完成卧室的效果。

【效果图文件所在的位置】随书附带光盘 Scene\cha15\制作卧室.max。

图 15-180

第16章
室外效果图的制作

　　室外建筑效果图可以逼真地模拟建筑及其设计建成后的效果。更能体现建筑建成后的设计风格和艺术特色。室外建筑设计效果图一般由计算机建模渲染而成。本章将来学习室外建筑效果图的制作方法。

课堂学习目标

- 掌握室外效果图的设计构思
- 掌握室外效果图的表现方法
- 掌握室外效果图的制作技巧

16.1　实例 18——凉亭的制作

16.1.1　案例分析

凉亭是盖在路旁或花园里不仅是供人憩息的场所，又是园林中重要的点景建筑，布置合理，全园俱活，不得体则感到凌乱，其面积较小，大多只有顶，没有墙，大多是两个出入口，穿过式的。

本例制作的是一个凉亭的效果图，要求从模型的制作入手，引出模型的编辑修改以及材质的设置等制作技巧和方法。

16.1.2　案例设计

本案例设计流程如图 16-1 所示。

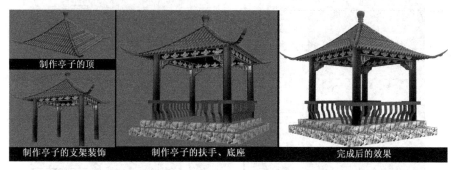

图 16-1

16.1.3　案例制作

1. 顶的制作

（1）在"顶"视图中创建矩形作为屋顶的放样图形，在"参数"卷展栏中设置"长度"为 200、"宽度"为 200，如图 16-2 所示。

（2）在"前"视图中创建线作为屋顶的路径，如图 16-3 所示。

（3）在场景中选择作为放样图形的矩形，为其施加"编辑样条线"修改器，将选择集定义为"样条线"，在"几何体"卷展栏中单击"轮廓"按钮，在场景中拖动鼠标设置其样条线的轮廓，如图 16-4 所示，关闭选择集。

（4）在场景中选择路径直线，单击" （创建）> （几何体）> 复合对象 > 放样"按钮，在"创建方法"卷展栏中单击"获取图形"按钮，在场景中拾取作为放样图形的矩形，如图 16-5 所示。

（5）选择创建的放样的屋顶模型，切换到 （修改）命令面板，在"变形"卷展栏中单击"缩放"按钮，在弹出的对话框中调整曲线，如图 16-6 所示。

（6）在修改器堆栈中选择放样的选择集，将选择集定义为"路径"，修改器堆栈中显示出"Line"，并将选择集定义为"顶点"，在场景中调整顶点，如图 16-7 所示，关闭选择集。

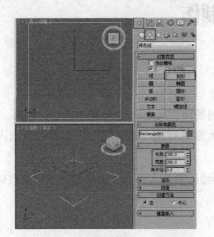

图 16-2

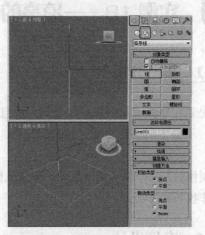

图 16-3

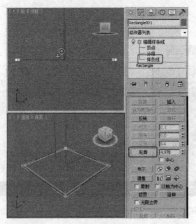

图 16-4

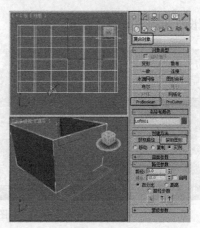

图 16-5

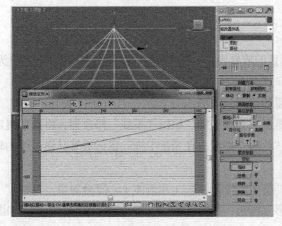

图 16-6

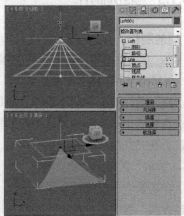

图 16-7

 路径的创建方向不同，调整曲线的方向不同。

（7）在"顶"视图中创建圆柱体，在"参数"卷展栏中设置"半径"为 3、"高度"为 100、"高度分段"为 15，该模型作为屋顶上的瓦片，如图 16-8 所示。

（8）切换到 （修改）命令面板，在修改器列表中选择"FFD（圆柱体）"修改器，在"FFD 参数"卷展栏中单击"设置点数"按钮，在弹出的对话框中设置点数"侧面"为 6、"径向"为 4、"高度"为 8，单击"确定"按钮，如图 16-9 所示。

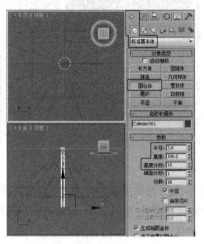
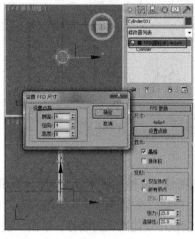

图 16-8　　　　　　　　　　　　　　　图 16-9

（9）将选择集定义为"控制点"，在前视图中调整模型的控制点的角度和位置，调整模型的效果后，在"顶"视图中移动复制模型，如图 16-10 所示。

（10）在场景中选择放样的屋顶模型，按 Ctrl+V 组合键，在弹出的对话框中选择"复制"选项，单击"确定"按钮，如图 16-11 所示。

图 16-10　　　　　　　　　　　　　　　图 16-11

（11）选择复制出的模型，在修改器堆栈中回到"图形"的"编辑样条线"修改器，将选择集定义为"样条线"，将图形内侧的样条线如图 16-12 所示，并将其删除，关闭选择集。

（12）在场景中选择作为瓦片的圆柱体 01，并将其转换为"可编辑多边形"，在"编辑几何体"卷展栏中单击"附加"后的"（附加列表）"按钮，在弹出的对话框中附加另外的圆柱体，单击

"附加"按钮，如图 16-13 所示。

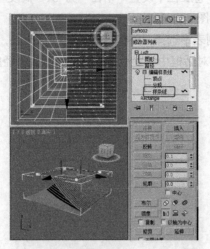

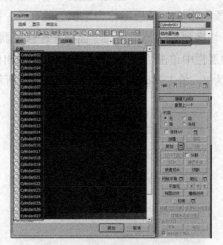

图 16-12   图 16-13

（13）在场景中选择复制并修改的屋顶模型，将未选定的模型隐藏。单击" （创建）> （图形）>截面"按钮，在模型的位置创建截面，在"截面参数"卷展栏中单击"创建图形"按钮，在弹出的对话框中使用默认的名称，单击"确定"按钮，如图 16-14 所示。

（14）在场景中将复制出的屋顶模型删除，将模型全部取消隐藏，选择创建出的截面图形，为其施加"挤出"修改器，在"参数"卷展栏中设置"数量"为 500，调整模型的位置，如图 16-15 所示。

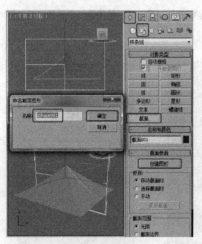

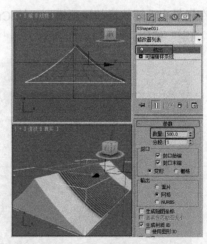

图 16-14   图 16-15

（15）确定截面挤出的模型处于选择状态，单击" （创建）> （几何体）> 复合对象 > 布尔"按钮，在"拾取布尔"卷展栏中单击"拾取操作对象 B"按钮，在场景中拾取作为瓦片并附加到一起的圆柱体模型，在"操作"选项组中选择"交集"选项，如图 16-16 所示。

（16）切换到" （层次）修改面板，单击"轴 > 仅影响轴"按钮，激活"顶"视图，在工具栏中选择" （对齐）"工具，在"视"图中选择放样的屋顶模型，设置对齐选项，单击"确定"按钮，如图 16-17 所示，关闭"仅影响轴"按钮。

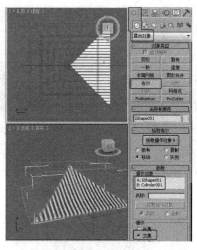

图 16-16　　　　　　　　　　　　　　　　图 16-17

（17）打开材质编辑器，选择一个新的材质样本球，在"贴图"卷展栏中为"漫反射颜色"指定"位图"贴图，贴图位于随书附带光盘"Map > cha16 > 水上亭子 > 瓦片.jpg"文件，如图 16-18 所示，单击"打开"按钮。

（18）指定位图进入贴图层级，在"位图参数"卷展栏中单击"查看图像"按钮，在弹出的对话框中裁剪图像，勾选"应用"选项，在"坐标"卷展栏中设置"瓷砖"下的"V"为 2，如图 16-19 所示，将材质指定给场景中的屋顶和瓦片模型。

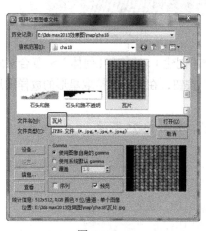

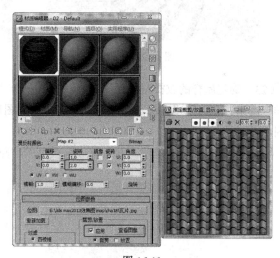

图 16-18　　　　　　　　　　　　　　　　图 16-19

（19）激活"顶"视图，选择瓦片模型，在菜单栏中选择"工具 > 阵列"命令，在弹出的对话框中选择旋转右侧箭头按钮，设置"总计 > Z"为 360，在"阵列维度"组中设置"1D"为 4，单击"确定"按钮，如图 16-20 所示。

（20）阵列复制后的场景模型效果，如图 16-21 所示。

（21）在前视图中创建"星形"图形，在"参数"卷展栏中设置"半径 1"为 8、"半径 2"为 7、"点"为 10、"扭曲"为 0、"圆角半径 1"为 1，该图形作为屋脊的放样图形，如图 16-22 所示。

（22）在前视图中创建如图 16-23 所示的样条线，作为屋脊的放样路径。

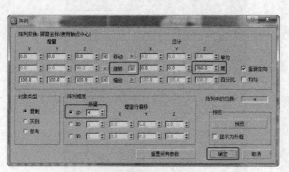

图 16-20

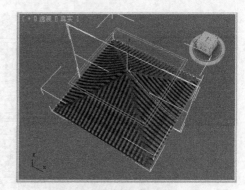

图 16-21

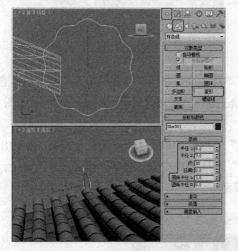

图 16-22

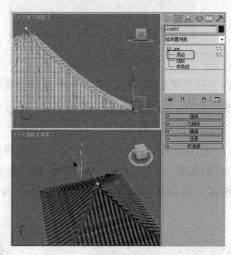

图 16-23

（23）确定屋脊的放样路径处于选择状态，单击"▓（创建）> ◯（几何体）> 复合对象 > 放样"按钮，在"创建方法"卷展栏中单击"获取图形"按钮，在场景中拾取星形的放样图形，如图 16-24 所示。

（24）在场景中旋转模型，并调整放样模型的"路径"，如图 16-25 所示。

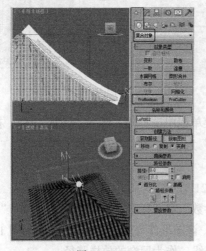

图 16-24

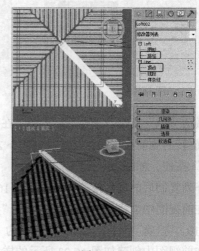

图 16-25

（25）这里重新设置一下星形放样图形的参数，设置其"半径 1"为 6、"半径 2"为 5.5、"点"为 15、"扭曲"为 0、"圆角半径 1"为 1，调整屋脊的粗细，如图 16-26 所示。

（26）继续调整屋脊的放样路径，调整到合适的效果，如图 16-27 所示。

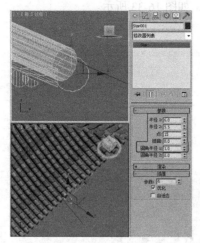

图 16-26

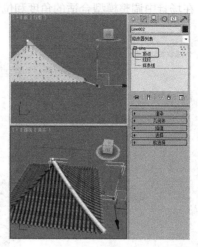

图 16-27

（27）打开材质编辑器，选择一个新的材质样本球，设置屋脊材质。指定屋顶同样的贴图，进入贴图层级面板，在"位图参数"卷展栏中勾选"应用"选项，单击"查看图像"按钮，在弹出的对话框中裁剪图像，在"坐标"卷展栏中设置"瓷砖"的"U、V"均为 2，如图 16-28 所示。

（28）在"前"视图中创建图形，并调整图形的形状，如图 16-29 所示。

图 16-28

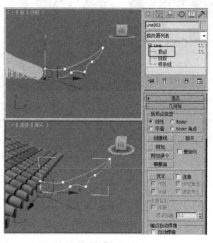

图 16-29

（29）为图形施加"挤出"修改器，在"参数"卷展栏中设置"数量"为 10，并在场景中调整模型的角度，作为屋脊装饰，如图 16-30 所示。

（30）在场景中选择屋脊，在"变形"卷展栏中单击"缩放"按钮，在弹出的对话框中调整曲线，如图 16-31 所示。

（31）打开材质编辑器，为屋脊装饰设置材质。选择一个新的材质样本球，同屋顶和瓦片材质制定相同的位图贴图，进入贴图层级，在"位图参数"卷展栏中勾选"应用"选项，单击"查看图像"按钮，在弹出的对话框中裁剪图像，在"坐标"卷展栏中设置"瓷砖"下的"U、V"均为 2，如图 16-32 所示，将材质指定给屋脊装饰模型。

（32）在场景中创建圆柱体，在"参数"卷展栏中设置"半径"为 4、"高度"为 80、"高度分段"为 10，在场景中调整模型合适的角度和位置，如图 16-33 所示。

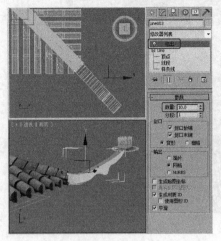
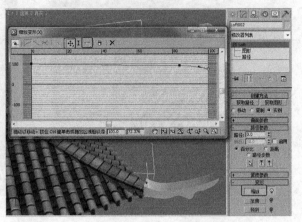

图 16-30　　　　　　　　　　　　　　　　图 16-31

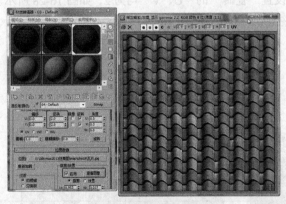
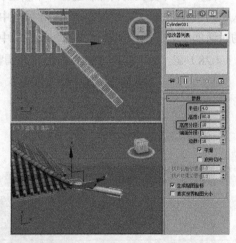

图 16-32　　　　　　　　　　　　　　　　图 16-33

（33）为圆柱体施加"FFD（圆柱体）"修改器，将选择集定义为"控制点"，在场景中调整控制点，使其形状和位置都覆盖在屋脊装饰模型上，如图 16-34 所示，关闭选择集。

（34）在场景中选择屋脊装饰模型，单击" （创建）> （几何体）> 复合对象 > 布尔"按钮，在"拾取布尔"卷展栏中单击"拾取操作对象 B"按钮，在场景中拾取圆柱体，在"操作"选项组中选择"交集"选项，如图 16-35 所示。

（35）完成的屋脊装饰如图 16-36 所示。

（36）在场景中选择屋脊和屋脊装饰，将其合并成组。切换到 （层次）修改面板，单击"轴>仅影响轴"按钮，激活"顶"视图，在工具栏中选择" （对齐）"工具，在"顶视图"中拾取瓦片模型，在弹出的对话框中设置对齐选项，如图 16-37 所示，关闭"仅影响轴"按钮。

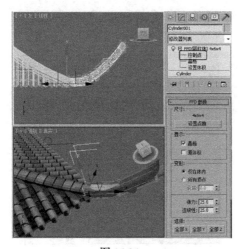

图 16-34

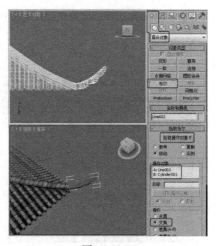

图 16-35

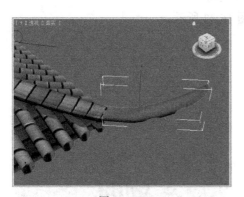

图 16-36

图 16-37

（37）激活"顶"视图，在菜单栏中选择"工具 > 阵列"命令，在弹出的对话框中选择"旋转"右侧箭头按钮，设置"总计 > Z"为 360，在"阵列维度"组中的"1D"为 4，并在"对象类型"组中选择"实例"选项，单击"确定"按钮，如图 16-38 所示。

（38）阵列复制的模型效果，如图 16-39 所示。

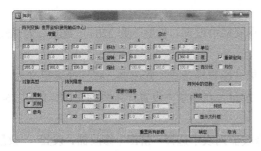

图 16-38

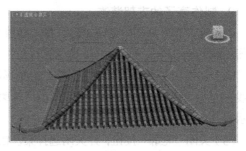

图 16-39

（39）在"前"视图中创建图形，如图 16-40 所示。

（40）调整图形的形状，如图 16-41 所示。

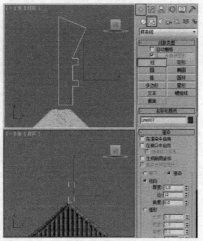

图 16-40

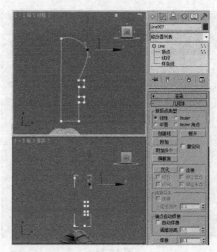

图 16-41

（41）为图形施加"车削"修改器，在"参数"卷展栏中设置"度数"为 360、"分段"为 16、"方向"为 Y、"对齐"为"最小"，如图 16-42 所示。

（42）为该模型指定屋脊装饰的材质，如图 16-43 所示。

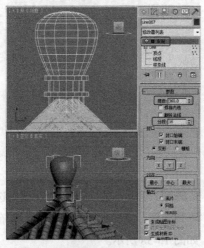

图 16-42

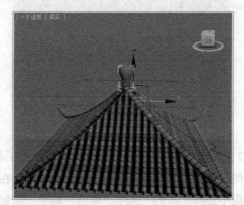

图 16-43

2. 制作亭子的支架装饰

（1）在"顶"视图中创建矩形，在"参数"卷展栏中设置"长度"为 220、"宽度"为 220，如图 16-44 所示。

（2）切换到 （修改）命令面板，为矩形施加"编辑样条线"修改器，将选择集定义为"样条线"，在"编辑几何体"卷展栏中单击"轮廓"按钮，在场景中设置样条线的轮廓，如图 16-45 所示。

（3）关闭"轮廓"按钮，并关闭选择集。在修改器列表中选择"挤出"修改器，设置"数量"为 20，如图 16-46 所示。

（4）再次该模型施加"编辑多边形"修改器，将选择集定义为"多边形"，在场景中选择如图 16-47 所示的多边形，在"多边形：材质 ID"卷展栏中设置"设置 ID"为 1。

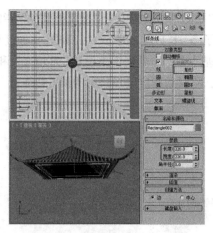

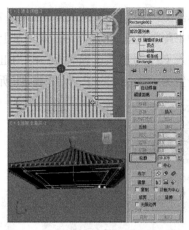

图 16-44　　　　　　　　　　　　　　　　图 16-45

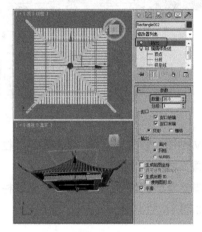

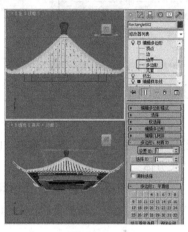

图 16-46　　　　　　　　　　　　　　　　图 16-47

（5）按 Ctrl+I 组合键，反选多边形，在"多边形：材质 ID"卷展栏中设置"设置 ID"为 2，如图 16-48 所示，关闭选择集。

（6）打开材质编辑器，选择一个新的材质样本球，将材质转换为"多维/子对象"，设置"设置数量"为 2，分别为子材质指定标准材质，如图 16-49 所示。

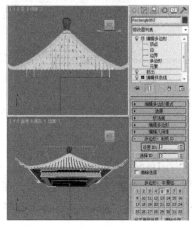

图 16-48　　　　　　　　　　　　　　　　图 16-49

（7）单击（1）号材质，进入设置面板，在"贴图"卷展栏中为"漫反射颜色"指定"位图"，贴图位于随书附带光盘"Map > cha16 > 水上亭子 > 木上画.jpg"文件，如图 16-50 所示。

（8）进入（2）号材质设置面板，在"Blinn 基本参数"卷展栏中设置"环境光"和"漫反射"的红绿蓝设置为 150、12、12，如图 16-51 所示，将材质指定给场景中的顶下装饰。

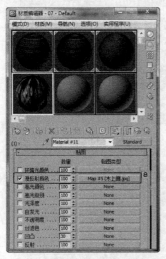

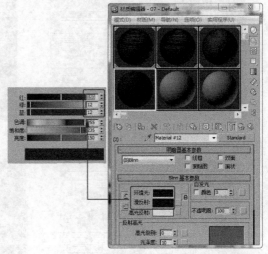

图 16-50   图 16-51

（9）在场景中选择顶下模型，为其施加"UVW 贴图"修改器，在"参数"卷展栏中选择"贴图"类型为"长方体"，在"对齐"组中单击"适配"按钮，如图 16-52 所示。

（10）在"顶"视图中创建圆柱体，在场景中调整模型的位置，在"参数"卷展栏中设置"半径"为 10、"高度"为 180、"高度分段"为 10，如图 16-53 所示。

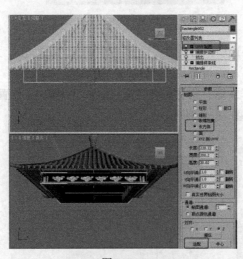

图 16-52   图 16-53

（11）在场景中复制圆柱体作为亭子柱子，如图 16-54 所示。

（12）打开材质编辑器，选择一个新的材质样本球，为亭子柱子设置材质，在"贴图"卷展栏中为"漫反射颜色"指定位图贴图，贴图位于随书附带光盘"Map>cha16>水上亭子>红-柱子.jpg"文件，如图 16-55 所示。

图 16-54

图 16-55

（13）在场景中选择作为柱子的圆柱体，分别为其施加"UVW 贴图"修改器，在"参数"卷展栏中选择"贴图"类型为"平面"，并在"对齐"组中选择"X"，单击"适配"按钮，如图 16-56所示。

（14）柱子的效果，如图 16-57 所示。

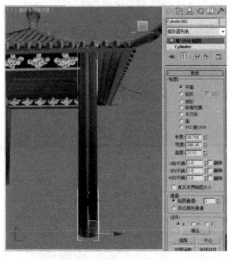

图 16-56

图 16-57

（15）在柱子与顶下装饰夹角位置创建图形，如图 16-58 所示。

（16）在场景中选择顶下装饰模型，在修改器堆栈中选择"编辑多边形"修改器，将选择集定义为"顶点"在场景中调整模型到柱子的半径位置，如图 16-59 所示。

（17）为创建柱子夹角的装饰图形施加"挤出"设置合适的参数，打开材质编辑器，为其设置材质，选择一个新的材质样本球，在"贴图"卷展栏中为"漫反射颜色"指定位图，贴图位于随书附带光盘"Map > cha16 > 水上亭子 > 边角画.jpg"文件，如图 16-60 所示。

（18）将材质指定给边角模型，并为其施加"UVW 贴图"修改器，在"参数"卷展栏中选择"平面"选项，在"对齐"组中选择"适配"按钮，如图 16-61 所示。

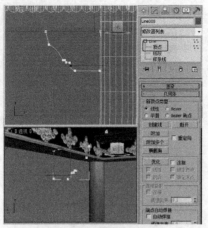

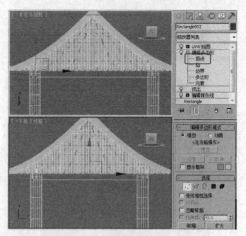

图 16-58　　　　　　　　　　　　　　　图 16-59

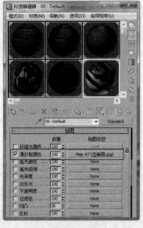

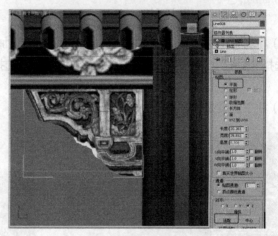

图 16-60　　　　　　　　　　　　　　　图 16-61

（19）通过在修改器堆栈中选择样条线的选择集"顶点"，对其顶点的不断调整完成的模型效果，如图 16-62 所示。

（20）复制模型，如图 16-63 所示。

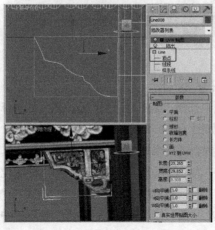

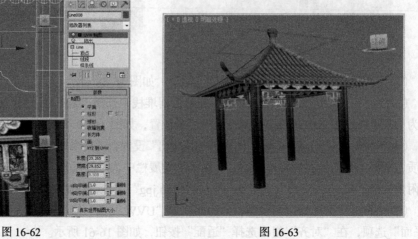

图 16-62　　　　　　　　　　　　　　　图 16-63

3. 制作亭子扶手、底座模型

（1）在"顶"视图中创建矩形，在场景中调整矩形的位置，在"参数"卷展栏中设置"长度"和"宽度"均为240，设置"角半径"为15，在"渲染"卷展栏中勾选"在渲染中启用"和"在视口中启用"选项，选择"矩形"选项，设置"长度"为8、"宽度"为6，如图16-64所示，该图形作为亭子扶手。

（2）在"前"视图中创建可渲染的样条线，在"渲染"卷展栏中勾选"在渲染中启用"和"在视口中启用"选项，选择"矩形"选项，设置"长度"为6、"宽度"为3，如图16-65所示。

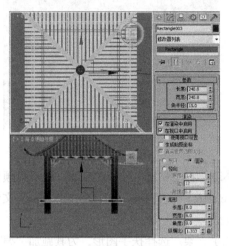

图 16-64

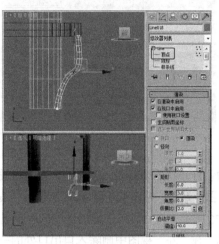

图 16-65

（3）为了便于复制模型，可以将顶部的模型隐藏，对扶手支架模型进行复制，如图16-66所示。

（4）打开材质编辑器，从中选择一个新的样本球，其材质设置与顶下装饰模型的（2）号材质设置相同，可以对（2）号材质进行复制，这里就不详细介绍了，将材质制定给场景中的扶手和扶手支架模型，如图16-67所示。

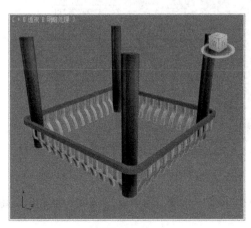

图 16-66

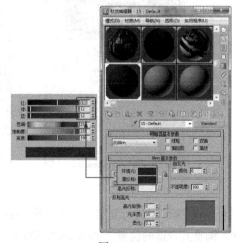

图 16-67

（5）在"顶"视图中创建长方体作为亭子底座，并在"参数"卷展栏中设置"长度"为260、"宽度"为260、"高度"为25，如图16-68所示。

（6）为长方体底座施加"UVW 贴图"修改器，在"参数"卷展栏中选择"贴图"类型为"长方体"，设置"长度"、"宽度"、"高度"均为 50，如图 16-69 所示。

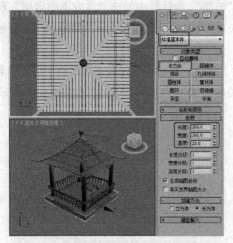

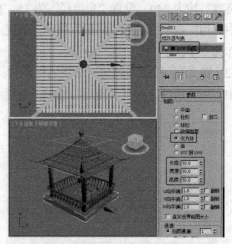

图 16-68   图 16-69

（7）打开材质编辑器，选择一个新的材质样本球，在"贴图"卷展栏中为"漫反射颜色"指定"位图"贴图，贴图位于随书附带光盘"Map > cha16 > 水上亭子 > 1115968782.jpg"文件，如图 16-70 所示，将材质指定给场景中的亭子底座模型。

（8）在"左"视图中删除入口出口处的一些扶手支架。选择扶手图形，为其施加"编辑样条线"修改器，将选择集定义为"顶点"，在"左"视图中，使用"优化"，优化顶点，并将选择集定义为"分段"将顶点之间的分段删除，形成门的效果，如图 16-71 所示。

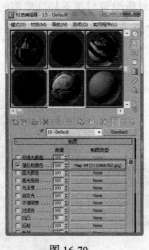
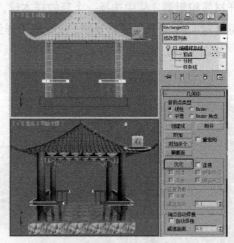

图 16-70   图 16-71

（9）对底座模型进行复制，在"参数"卷展栏中设置"长度"为 300、"宽度"为 300、"高度"为 20，调整其合适的位置，如图 16-72 所示

4. 设置最终效果

（1）在场景中"透视"图调整为合适的角度，按 Ctrl+C 组合键，创建摄影机，创建标准灯光"天光"，并在创建中创建"泛光灯"，调整灯光的位置在"常规参数"卷展栏中勾选"启用"选项，

选择阴影贴图类型为"阴影贴图"，在"强度/颜色/衰减"卷展栏中设置"倍增"为 1，并设置灯光的颜色为灰色，如图 16-73 所示。

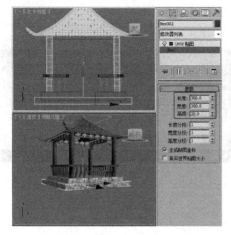
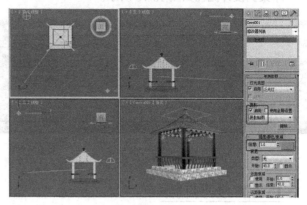

图 16-72　　　　　　　　　　　　　　　　　　　图 16-73

（2）打开渲染设置面板，并选择"高级照明"为"光跟踪器"，如图 16-74 所示。

（3）完成的场景效果，如图 16-75 所示。

图 16-74　　　　　　　　　　　　　　　　　　　图 16-75

16.2　实例 19——商业建筑的制作

16.2.1　案例分析

　　随着时代的进步，城市的发展，大型的商业建筑空间的设计也逐渐在我们的工作中出现。对于建筑物的表现，很多场景都有着相同的制作方法，关键在于制作的思路。同时也需要迎合现实企业的形象，通过本章的练习读者可以掌握一些工具与修改器结合使用的妙处，并告诉读者熟能生巧的道理，为今后制作思路的拓宽打下基础。本例将为大家介绍商业建筑的设计与制作方法。

在前面讲述过的很多实例中，我们用"附加"运算命令……（此处文字模糊）

16.2.2　案例设计

本案例设计流程如图 16-76 所示。

| 制作楼体模型 | 为场景设置材质 | 渲染场景 |

图 16-76

16.2.3　案例制作

1. 建筑模型

（1）在"顶"视图中创建长方体作为右侧墙体，在"参数"卷展栏中设置"长度"为 600、"宽度"为 600、"高度"为 1000，如图 16-77 所示。

（2）为其施加"编辑多边形"修改器，将选择集定义为"边"，在"前"视图中选择顶底的边，在"编辑边"卷展栏中，单击"连接"后的"■（设置）"按钮，设置"分段"为 9，单击"☑"按钮，如图 16-78 所示。

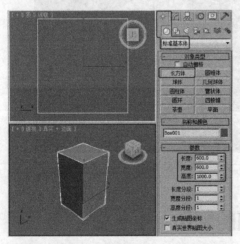
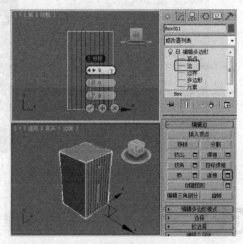

图 16-77　　　　　　　　　　　　　　　图 16-78

（3）选择连接出的边，对其继续设置连接，设置"分段"为 5，如图 16-79 所示。

（4）将选择集定义为"多边形"，选择如图 16-80 所示的多边形。

（5）在"编辑多边形"卷展栏中单击"倒角"后的"■（设置）"按钮，设置类型为"按多边形"，"轮廓"为-12，单击"☑"按钮，如图 16-81 所示。

（6）继续设置多边形的挤出，设置"高度"为-16，如图 16-82 所示，挤出多边形后将多边形删除。

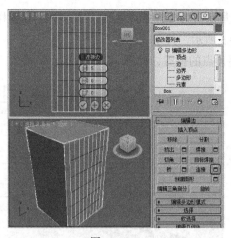

图 16-79

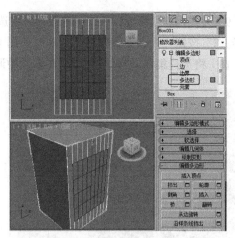

图 16-80

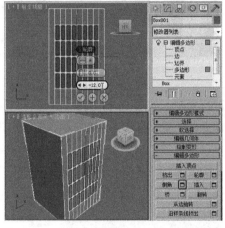

图 16-81

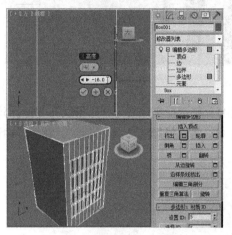

图 16-82

（7）将选择集定义为"顶点"，调整顶点的位置，如图 16-83 所示，关闭选择集。

（8）在"前"视图中创建矩形作为窗框模型，设置合适的参数，调整其合适的位置，如图 16-84 所示。

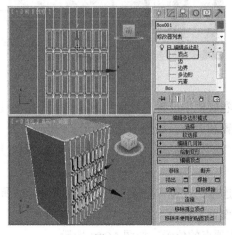

图 16-83

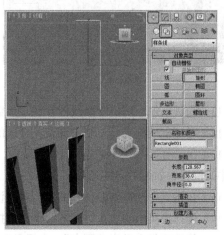

图 16-84

（9）为其施加"编辑样条线"修改器，将选择集定义为"样条线"，在"几何体"卷展栏中单击"轮廓"按钮，为其设置合适的轮廓，如图 16-85 所示，关闭"轮廓"按钮。

（10）将选择集定义为"顶点"，在场景中调整顶点的位置，如图 16-86 所示。

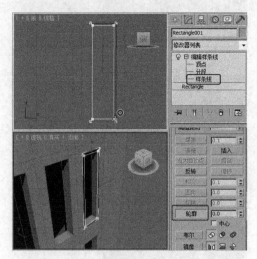

图 16-85   图 16-86

（11）将选择集定义为"样条线"，对内部轮廓进行复制，如图 16-87 所示。

（12）将选择集定义为"顶点"，在场景中调整顶点的位置，如图 16-88 所示，关闭选择集。

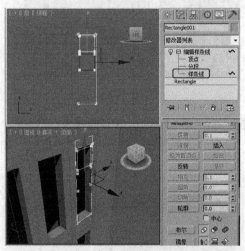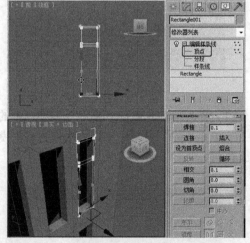

图 16-87   图 16-88

（13）为其施加"挤出"修改器，在"参数"卷展栏中设置"数量"为-3，如图 16-89 所示。

（14）对窗框模型进行复制，调整其合适的位置和大小，如图 16-90 所示。

（15）在"前"视图中创建平面作为玻璃，在"参数"卷展栏中设置合适的参数，调整其到窗框的中间位置，如图 16-91 所示。

（16）在场景中选择侧面顶底的边，对其设置连接，设置"分段"为10，如图 16-92 所示。

（17）选择连接出的边，对其继续设置连接，设置"分段"为2，如图 16-93 所示。

（18）将选择集定义为"顶点"，在场景中调整顶点的位置，如图 16-94 所示。

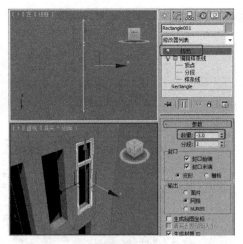

图 16-89

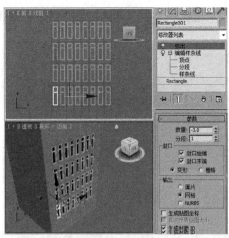

图 16-90

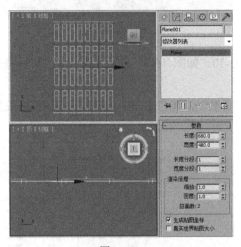

图 16-91

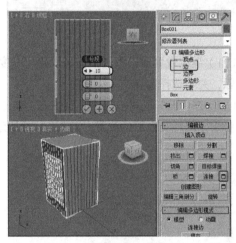

图 16-92

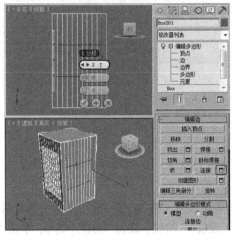

图 16-93

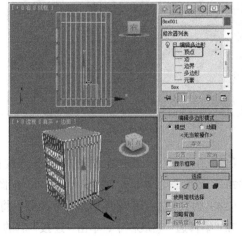

图 16-94

（19）将选择集定义为"多边形"，选择如图 16-95 所示的多边形。

（20）在"编辑多边形"卷展栏中单击"倒角"后的" （设置）"按钮，设置类型为"按多边形"，"轮廓"为-15，单击"☑"按钮，如图 16-96 所示。

图 16-95

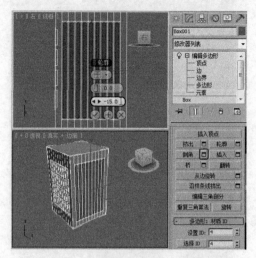

图 16-96

（21）继续设置多边形的挤出，设置"高度"为-10，如图 16-97 所示，挤出多边形后将多边形删除，关闭选择集。

（22）在"前"视图中创建平面作为玻璃，在"参数"卷展栏中，在"参数"卷展栏中设置合适的参数，调整其合适的位置，如图 16-98 所示。

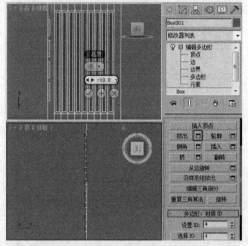

图 16-97

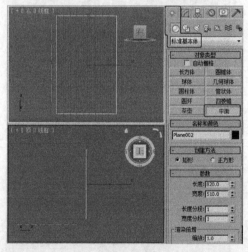

图 16-98

（23）在"顶"视图中创建长方体作为连接右侧墙体的墙体，在"参数"卷展栏中设置"长度"为 570、"宽度"为 430、"高度"为 1000，如图 16-99 所示。

（24）为其施加"编辑多边形"修改器，将选择集定义为"边"，在"前"视图中选择两侧的边，在"编辑边"卷展栏中，单击"连接"后的"■（设置）"按钮，设置"分段"为 6，单击"☑"按钮，如图 16-100 所示。

（25）将选择集定义为"顶点"，调整顶点的位置，如图 16-101 所示。

（26）将选择集定义为"边"，选择如图 16-102 所示的边。

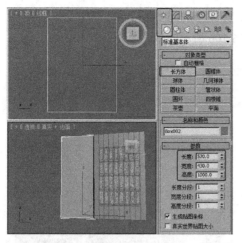

图 16-99

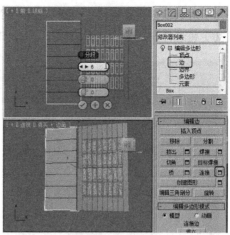

图 16-100

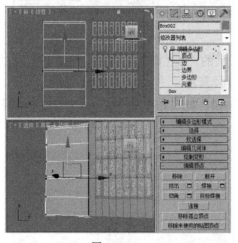

图 16-101

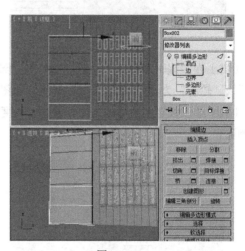

图 16-102

（27）对其继续设置连接，设置"分段"为 5，如图 16-103 所示。

（28）选择如图 16-104 的边。

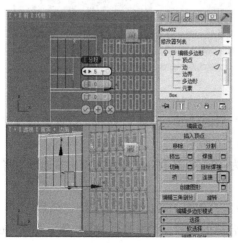

图 16-103

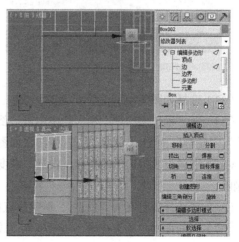

图 16-104

（29）对其继续设置连接，设置"分段"为 2，如图 16-105 所示。

（30）将选择集定义为"多边形"，选择如图 16-106 所示的多边形。

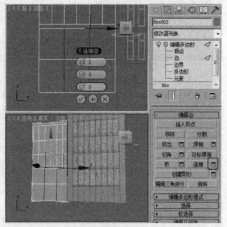

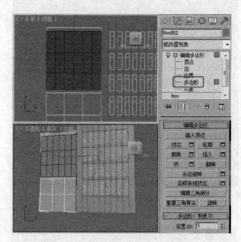

图 16-105 图 16-106

（31）在"编辑多边形"卷展栏中单击"倒角"后的"■（设置）"按钮，设置类型为"按多边形"，"轮廓"为-14，单击"☑"按钮，如图 16-107 所示。

（32）继续设置多边形的挤出，设置"高度"为-10，如图 16-108 所示，挤出多边形后将多边形删除。

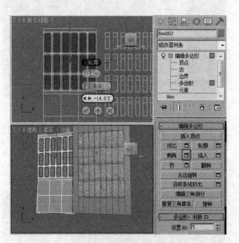

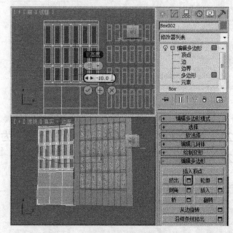

图 16-107 图 16-108

（33）选择如图 16-109 所示的多边形。

（34）在"编辑多边形"卷展栏中单击"倒角"后的"■（设置）"按钮，设置类型为"按多边形"，"轮廓"为-20，单击"☑"按钮，如图 16-110 所示。

（35）继续设置多边形的挤出，设置"高度"为-10，如图 16-111 所示，挤出多边形后将多边形删除。

（36）将选择集定义为"顶点"，调整顶点的位置，如图 16-112 所示，关闭选择集。

（37）对前面做出的窗框模型进行复制，设置合适的参数，调整其合适的位置，如图 16-113 所示。

（38）创建矩形作为大窗户的窗框模型，设置合适的参数，调整其合适的位置，如图 16-114 所示。

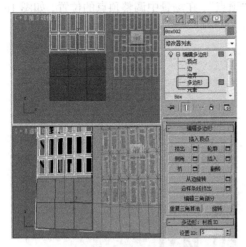

图 16-109

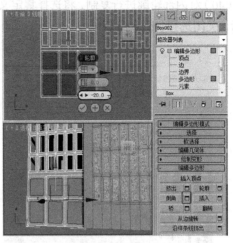

图 16-110

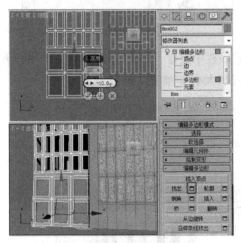

图 16-111

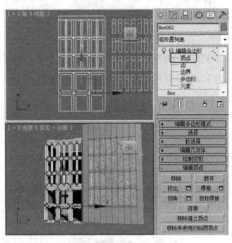

图 16-112

图 16-113

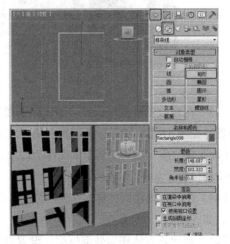

图 16-114

（39）为其施加"编辑样条线"修改器，将选择集定义为"样条线"，在"几何体"卷展栏中单击"轮廓"按钮，为其设置合适的轮廓，如图 16-115 所示，关闭"轮廓"按钮。

（40）对内部轮廓进行复制，将选择集定义为"顶点"，在场景中调整顶点的位置，如图 16-116 所示，关闭选择集。

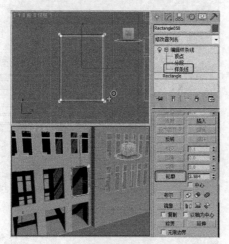

图 16-115

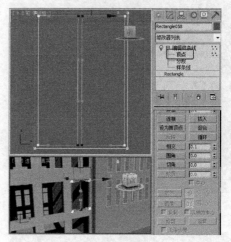

图 16-116

（41）为其施加"挤出"修改器，在"参数"卷展栏中设置"数量"为-3，如图 16-117 所示。

（42）对窗框模型进行复制，调整其合适的位置和大小 ，如图 16-118 所示。

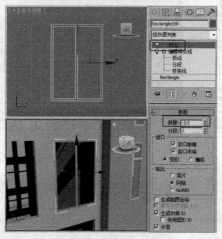

图 16-117

图 16-118

（43）在修改器堆栈中选择"编辑样条线"修改器，将选择集定义为"顶点"，调整门处顶点的位置，如图 16-119 所示，关闭选择集，在堆栈中选择"挤出"修改器。

（44）在"前"视图中创建平面作为玻璃，在"参数"卷展栏中设置合适的参数，调整其到窗框的中间位置，如图 16-120 所示。

（45）在门处创建圆柱体，作为门把手，设置合适的参数，并对把手进行复制，调整其合适的位置，如图 16-121 所示。

（46）创建长方体作为外部框架，设置合适的参数，调整其合适的位置，如图 16-122 所示。

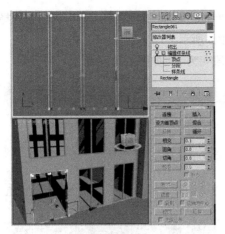

图 16-119

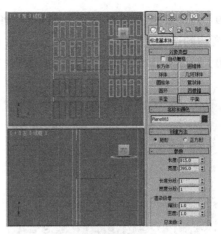

图 16-120

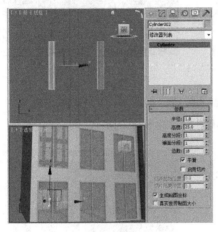

图 16-121

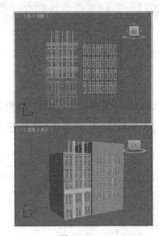

图 16-122

（47）创建可渲染的样条线作为窗户的装饰，设置合适的参数，调整其合适的位置，如图 16-123 所示。

（48）在"顶"视图中创建长方体作为电梯处的墙体，在"参数"卷展栏中设置"长度"为 770、"宽度"为 400、"高度"为 1050，如图 16-124 所示。

图 16-123

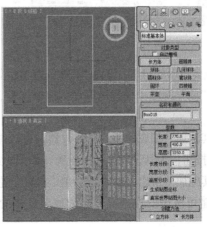

图 16-124

（49）为其施加"编辑多边形"修改器，将选择集定义为"边"，在"前"视图中选择两侧的边，设置边的连接，设置"分段"为 2，如图 16-125 所示。

（50）对连接出的边继续设置连接，设置"分段"为 2，如图 16-126 所示。

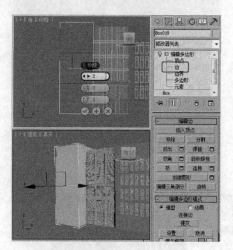
图 16-125

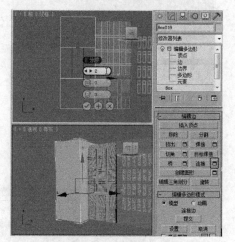
图 16-126

（51）将选择集定义为"顶点"，调整顶点的位置，如图 16-127 所示。

（52）将选择集定义为"多边形"，选择如图 16-128 所示的多边形。

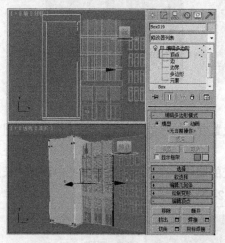
图 16-127

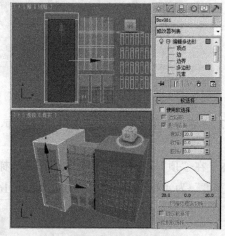
图 16-128

（53）设置多边形的挤出，设置"高度"为-10，如图 16-129 所示，挤出多边形后将多边形删除。

（54）在"前"视图中创建矩形作为窗框模型，设置合适的参数，调整其合适的位置，如图 16-130 所示。

（55）为其施加"编辑样条线"修改器，将选择集定义为"样条线"，在"几何体"卷展栏中单击"轮廓"按钮，为其设置合适的轮廓，如图 16-131 所示，关闭"轮廓"按钮。

（56）为其施加"挤出"修改器，在"参数"卷展栏中设置"数量"为-5，如图 16-132 所示。

（57）创建可渲染的样条线，作为玻璃幕墙的隔断，对其进行复制调整合适的位置，如图 16-133 所示。

（58）在"前"视图中创建平面作为玻璃，在"参数"卷展栏中设置合适的参数，调整其到窗框的后方位置，如图 16-134 所示。

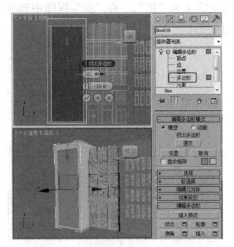

图 16-129

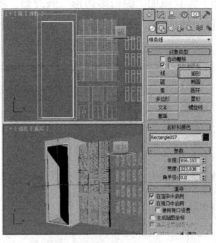

图 16-130

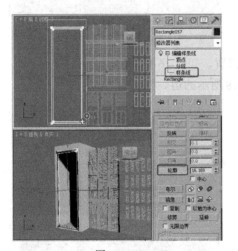

图 16-131

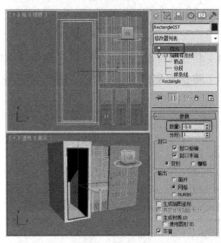

图 16-132

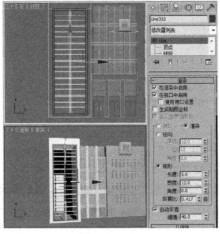

图 16-133

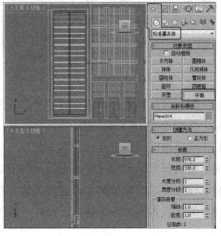

图 16-134

（59）在"顶"视图中创建长方体作为左侧墙体，在"参数"卷展栏中设置"长度"为 570、"宽度"为 1900、"高度"为 1000，如图 16-135 所示。

（60）为其施加"编辑多边形"修改器，将选择集定义为"边"，在"前"视图中选择两侧的边，设置边的连接，设置"分段"为 6，如图 16-136 所示。

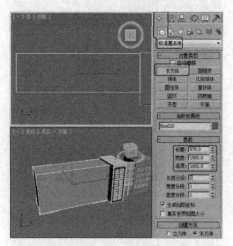
图 16-135

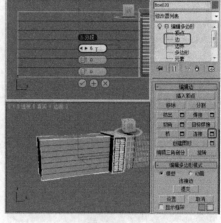
图 16-136

（61）将选择集定义为"顶点"，调整顶点的位置，如图 16-137 所示。

（62）将选择集定义为"边"，选择如图 16-138 所示的边。

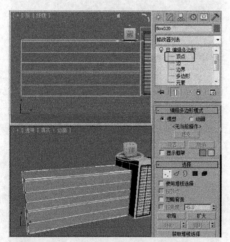
图 16-137

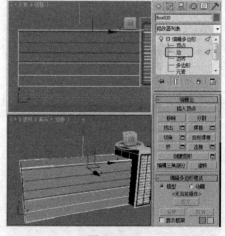
图 16-138

（63）对其继续设置连接，设置"分段"为 25，如图 16-139 所示。

（64）选择如图 16-140 的边。

（65）对其继续设置连接，设置"分段"为 6，如图 16-141 所示。

（66）将选择集定义为"多边形"，选择如图 16-142 所示的多边形。

（67）设置多边形的倒角，设置类型为"按多边形"、"轮廓"为-14，如图 16-143 所示。

（68）继续设置多边形的挤出，设置"高度"为-10，如图 16-144 所示，挤出多边形后将多边形删除。

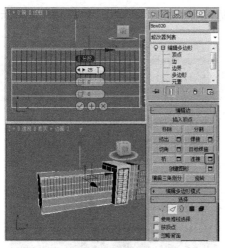

图 16-139

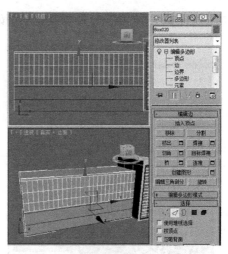

图 16-140

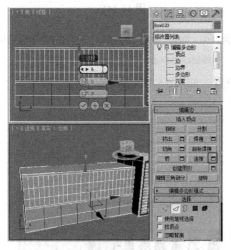

图 16-141

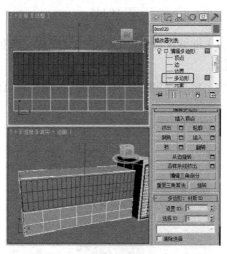

图 16-142

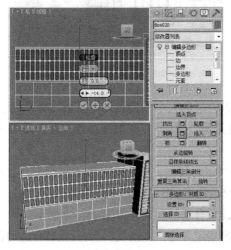

图 16-143

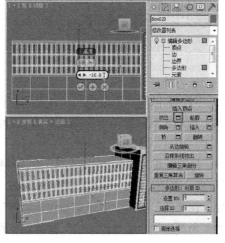

图 16-144

（69）选择如图 16-145 所示的多边形。

（70）设置多边形的倒角，设置类型为"按多边形"，"轮廓"为-20，如图 16-146 所示。

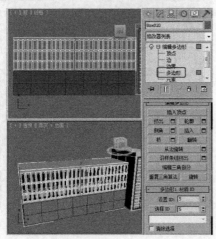

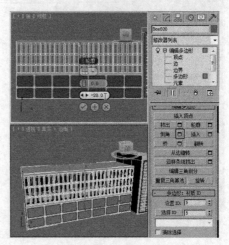

图 16-145   图 16-146

（71）继续设置多边形的挤出，设置"高度"为-10，如图 16-147 所示，挤出多边形后将多边形删除。

（72）将选择集定义为"顶点"，调整顶点的位置，如图 16-148 所示，关闭选择集。

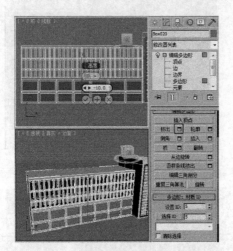
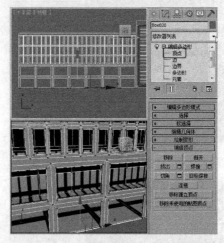

图 16-147   图 16-148

（73）对前面做出的窗框模型进行复制，调整其合适的大小和位置，如图 16-149 所示。

（74）选择左侧门处的窗框模型，将选择集定义为"顶点"，调整顶点的位置，如图 16-150 所示。

（75）将选择集定义为"样条线"，对内部样条线进行复制，将选择集定义为"顶点"，并调整顶点的位置，如图 16-151 所示，关闭选择集，在修改器堆栈中选择"挤出"修改器。

（76）在"前"视图中创建矩形作为旋转门，设置合适的参数，如图 16-152 所示。

（77）为其施加"编辑样条线"修改器，将选择集定义为"样条线"，为其设置合适的轮廓，如图 16-153 所示。

（78）为其施加"挤出"修改器，在"参数"卷展栏中设置"数量"为 2，如图 16-154 所示。

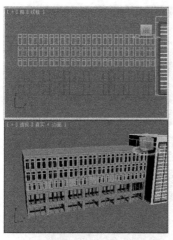
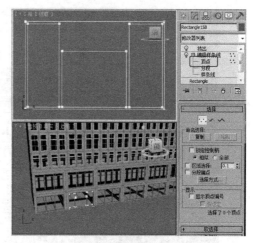

图 16-149   图 16-150

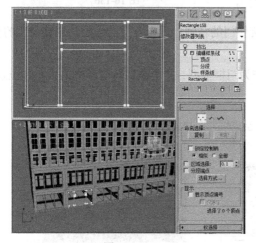
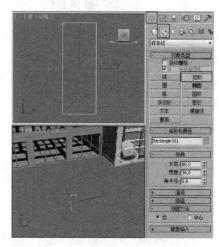

图 16-151   图 16-152

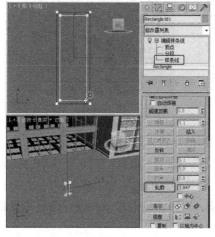
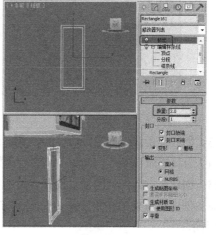

图 16-153   图 16-154

（79）创建平面作为旋转门的玻璃，设置合适的参数，如图 16-155 所示。

（80）对旋转门和玻璃模型进行复制，调整其合适的位置，如图 16-156 所示。

253

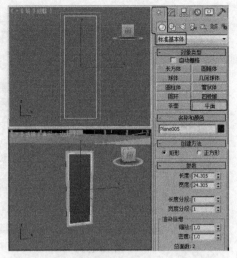
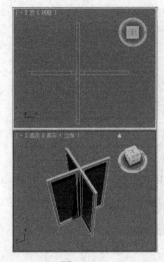

图 16-155   图 16-156

（81）在"顶"视图中创建圆柱体，作为旋转门的转轴，设置合适的参数，调整合适的位置，如图 16-157 所示。

（82）对右侧门处的窗框模型进行调整，作为门框模型，并调整旋转门合适的大小和位置，如图 16-158 所示。

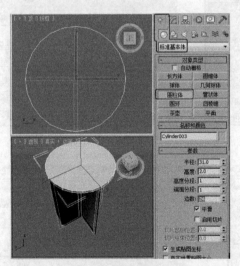
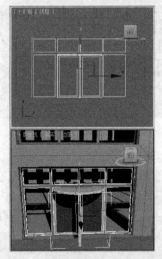

图 16-157   图 16-158

（83）创建样条线作为左侧墙体的玻璃，调整图形的形状，如图 16-159 所示。

（84）为其施加"挤出"修改器，在"参数"卷展栏中设置"数量"为-0.5，如图 16-160 所示。

（85）创建长方体作为门槛，设置合适的参数，调整合适的角度和位置，如图 16-161 所示。

（86）创建可渲染的样条线作为门槛上方的绳索，对可渲染的样条线进行调整并复制，如图 16-162 所示。

（87）对做出的门槛、绳索模型进行复制，调整其到另外一个门的上方，如图 16-163 所示。

（88）对前面做出的外部框架、窗户的装饰模型进行复制，调整其合适的大小和位置，如图 16-164 所示。

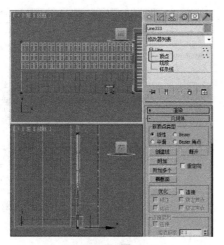

图 16-159

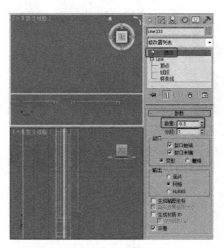

图 16-160

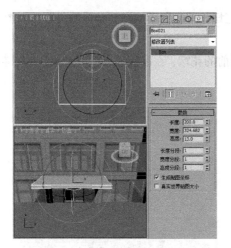

图 16-161

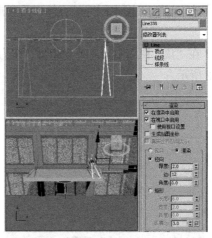

图 16-162

图 16-163

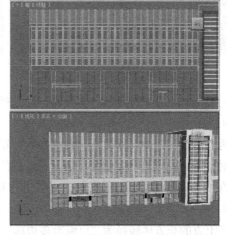

图 16-164

（89）在"顶"视图中创建样条线作为地基，调整图形的形状，如图 16-165 所示。

（90）为其施加"挤出"修改器，在"参数"卷展栏中设置"数量"为-12，如图 16-166 所示。

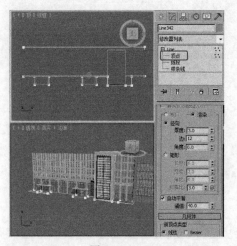

图 16-165

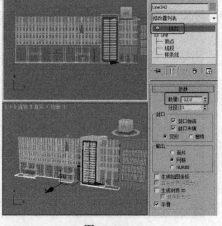

图 16-166

（91）在"顶"视图中创建长方体作为窗前花坛，并复制模型调整合适的位置，如图 16-167 所示。

（92）在"顶"视图中创建圆角矩形，作为楼前的花坛，在参数卷展栏中设置合适的参数，如图 16-168 所示。

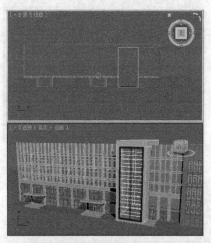

图 16-167

图 16-168

（93）为其施加"编辑样条线"修改器，将选择集定义为"样条线"，为其设置合适的轮廓，如图 16-169 所示。

（94）为其施加"挤出"修改器，在"参数"卷展栏中设置"数量"为 5，如图 16-170 所示。

（95）对楼前的花坛进行复制并调整其合适的位置，如图 16-171 所示。

（96）在"顶"视图中创建长方体，对其进行复制并调整其合适的位置，作为形象墙，如图 16-172 所示。

（97）将上方的长方体转换为"可编辑多边形"，将选择集定义为"顶点"，在"左"视图中对顶点进行缩放，如图 16-173 所示。

（98）在"顶"视图中创建圆柱体作为柱形花坛，设置合适的参数，调整合适的位置，如图 16-174 所示。

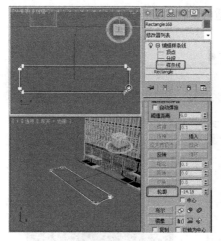

图 16-169   图 16-170

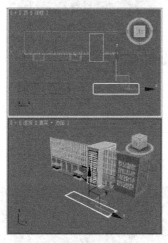

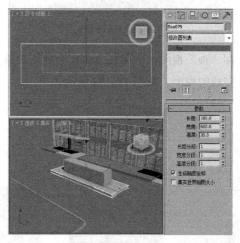

图 16-171   图 16-172

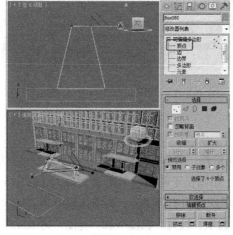

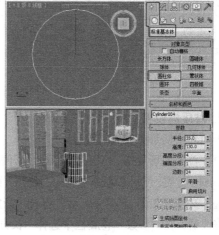

图 16-173   图 16-174

（99）为其施加"编辑多边形"修改器，将选择集定义为"顶点"，使用软选择对底部顶点进行缩放，如图 16-175 所示。

（100）对柱形花坛模型进行复制，调整其合适的位置，如图 16-176 所示。

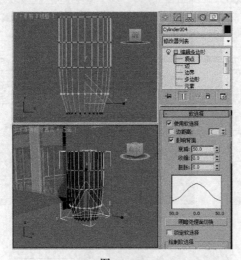

图 16-175　　　　　　　　　　　　图 16-176

（101）在"顶"视图中创建长方体作为地面和路，如图 16-177 所示。

（102）完成的模型，如图 16-178 所示。

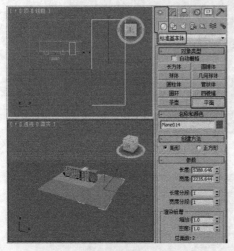
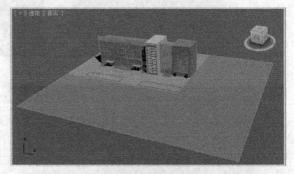

图 16-177　　　　　　　　　　　　图 16-178

2. 材质的设置

下面介绍场景中材质的设置。

（1）首先为场景指定 VR 渲染器。打开材质编辑器，选择一个新的材质样本球，将材质转换为 VrayMtl 材质，为"漫反射"指定"位图"贴图，贴图位于随书附带光盘"Map > cha16 > 16.2 > 111.jpg"文件，如图 16-179 所示，将材质指定给场景中的建筑墙体，为墙体模型指定"UVW 贴图"修改器，在"参数"卷展栏中选择"长方体"选项，设置"长度"和"宽度"为 300，"高度"为 156。

（2）设置场景中的玻璃材质，选择一个新的材质样本球，将材质转换为 VrayMtl 材质，设置"漫反射"颜色的红绿蓝为 9、14、31，设置"反射"的红绿蓝为 121、121、121，设置"折射"

的红绿蓝为 186、186、186，如图 16-180 所示，将材质指定给场景中的玻璃模型，如图 16-180 所示。

图 16-179　　　　　　　　　　　　图 16-180

（3）设置场景中金属框架模型，选择一个新的材质样本球，将材质转换为 VrayMtl 材质，设置"漫反射"的红绿蓝为 22、17、11，设置"反射"的红绿蓝为 101、101、101，设置"反射光泽度"的参数为 0.9，如图 16-181 所示，将材质指定给场景中的金属框架模型。

（4）设置场景中框架装饰支架材质，选择一个新的材质样本球，将材质转换为 VrayMtl 材质，设置"漫反射"的红绿蓝为 201、104、0，如图 16-182 所示，将材质指定给场景中的框架装饰支架和作为花坛的模型。

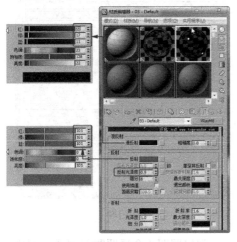
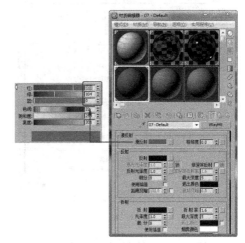

图 16-181　　　　　　　　　　　　图 16-182

（5）设置场景中大理石地面材质，选择一个新的材质样本球，将材质转换为 VrayMtl 材质，在"贴图"卷展栏中为"漫反射"指定位图贴图，贴图位于随书附带光盘"Map > cha16 > 16.2 > 黑白花 1.jpg"文件，如图 16-183 所示，将材质指定给场景中建筑地面模型。

（6）设置公路材质。选择一个新的材质样本球，使用默认的标准材质，设置"环境光"和"漫反射"的红绿蓝为 86、86、86，如图 16-184 所示，将材质指定给场景中的公路模型。

图 16-183

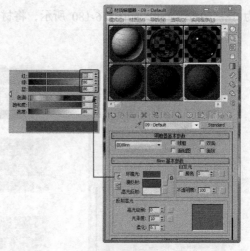

图 16-184

3．设置测试渲染

设置场景中测试渲染的参数。

（1）打开渲染设置，设置渲染输出大小，如图 16-185 所示。

（2）选择"VR_基项"选项卡，在"V-Ray：：图像采样器 （抗锯齿）"卷展栏中设置"图像采样器"类型为"固定"，选择"抗锯齿过滤器"为"区域"，如图 16-186 所示；在"V-Ray：：固定图像采样器"卷展栏中设置"细分"为 1。

图 16-185

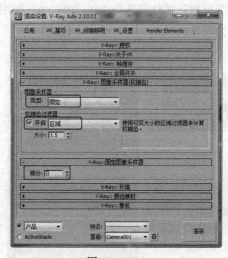

图 16-186

（3）选择"VR_间接照明"选项卡，在"V-Ray：：间接照明（全局照明）"卷展栏中选择"首次反弹"的"全局光引擎"为"发光贴图"，选择"二次反弹"的"全局光引擎"为"灯光缓存"；在"V-Ray：：反光贴图"卷展栏中设置"当前预置"为"非常低"，勾选"显示计算过程"和"现实直接照明"，如图 16-187 所示。

（4）在"V-Ray：：灯光缓存"卷展栏中设置"细分"为 100，勾选"保存直接光"和"现实计算状态"选项，如图 16-188 所示。

图 16-187

图 16-188

4．创建灯光

（1）在场景中创建标准灯光目标平行光，调整灯光的位置和照射角度，在"常规参数"卷展栏中勾选"启用"选项，设置阴影类型为"VRayShadow"；在"VrayShadows Params"卷展栏中勾选"区域阴影"选项，设置"U、V、W 向尺寸"均为 50；在"强度/颜色/衰减"卷展栏中设置"倍增"为 1.5；在"平行光参数"卷展栏中设置"聚光区/光束"和"衰减区/区域"的参数为 0.5和 7149，如图 16-189 所示。

（2）在场景中创建 VR_光源平面灯光，在场景中调整灯光的照射角度和位置，"倍增器"为 1，勾选"不可见"选项，如图 16-190 所示。

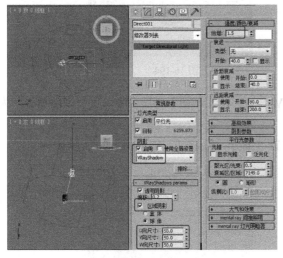

图 16-189

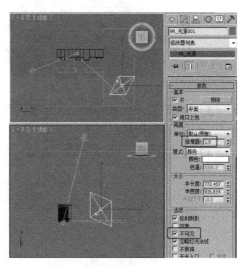

图 16-190

（3）打开环境和效果，设置环境贴图为"位图"，贴图位于随书附带光盘"Map > cha16 > 16.2 >122.jpg"，如图 16-191 所示。

（4）渲染场景得到 16-192 所示。

图 16-191   图 16-192

5. 设置测试渲染

（1）设置最终渲染设置，如图 16-193 所示。

（2）打开渲染设置，选择"VR_基项"选项卡，选择"V-Ray：：图像采样器（抗锯齿）"卷展栏，选择"图像采样器"类型为"固定"，选择"抗锯齿过滤器"为"Catmull-Rom"；在"V-Ray：：图像采样器"卷展栏中设置"细分"为 15，如图 16-194 所示。

图 16-193   图 16-194

（3）选择"VR_间接照明"选项卡，在"V-Ray：：发光贴图"卷展栏中设置"当前预置"为"高"，如图 16-195 所示。

（4）在"V-Ray：：灯光缓存"卷展栏中设置"细分"为 1500，如图 16-196 所示。

图 16-195   图 16-196

（5）选择 Render Element 选项卡，单击"添加"按钮，在弹出的对话框中选择"VR_线框颜色"，添加线框颜色，如图 16-197 所示，对场景进行渲染，对渲染的场景效果进行存储。

图 16-197

课堂练习——制作别墅

【练习知识要点】本例介绍使用"编辑样条线"制作别墅的墙体形状，使用"挤出"设置墙体的厚度，使用"编辑多边形"制作门洞和窗洞效果，使用同样的方法创建顶，如图 16-198 所示。

【效果图文件所在的位置】随书附带光盘 Scene\cha16\制作别墅.max。

图 16-198

课后习题——住宅楼外观

【习题知识要点】本例介绍使用创建长方体，并使用"编辑多边形"设置"边"的连接，多边形的挤出和倒角，通过不断设置完成居民楼的效果，如图 16-199 所示。

【效果图文件所在的位置】随书附带光盘 Scene\cha16\住宅楼外观.max。

图 16-199

第17章

室内效果图的后期处理

本章将介绍使用 Photoshop 为前面制作的室内效果图设置后期处理的手段、方法和技巧，使整张效果图丰富、生动地表现出来。

课堂学习目标

- 掌握室内效果图后期处理的手段
- 掌握室内效果图后期处理的方法
- 掌握室内效果图后期处理的技巧

17.1 实例 20——客厅的后期处理

17.1.1 案例分析

本例介绍使用曲面调整图像的亮度，添加素材图像并使用自由变换调整素材的大小，设置图层的混合模式和盖印图层等，并通过一些辅助工具来完成客厅的后期处理。

17.1.2 案例设计

本案例设计流程如图 17-1 所示。

图 17-1

17.1.3 案例制作

1. 调整图像色调

（1）运行 Photoshop 软件，打开前面渲染保存的客厅效果图，如图 17-2 所示。

图 17-2

（2）打开图像后，按 Ctrl+M 组合键，打开"曲线"设置面板，从中调整曲线的形状，如图 17-3 所示。

图 17-3

注意　快捷键 Ctrl+M 与菜单栏中的"图像>调整>曲线"命令相同，掌握快捷键可以加快作图的速度，所以记住一些常用的快捷键是制作调整效果图的一种捷径。

（3）在"图层"面板中将"背景"图层拖曳到新建图层按钮上，复制出"背景副本"图层，如图 17-4 所示。

图 17-4

（4）选择复制的副本图层，按 Ctrl+M 组合键，在弹出的"曲线"面板中调整曲线的形状，如图 17-5 所示。

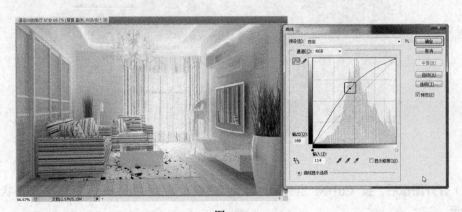

图 17-5

（5）设置副本图层的混合模式为"柔光"、"不透明度"为 60%，如图 17-6 所示。

图 17-6

2．调整电视屏幕

（1）在"图层"面板中单击" 　　"（新建图层）按钮，将新建的图层（1）放置到"背景"图层的上方，使用 　（多边形套索）工具，在电视屏幕区域创建选区，设置前景色为黑色，并按 Alt+Delete 键，将选区填充为黑色，如图 17-7 所示。

图 17-7

（2）按 Ctrl+D 组合键，将选区取消选择，并设置图层的"不透明度"为 70%，如图 17-8 所示。

图 17-8

3. 添加素材图像

（1）打开随书附带光盘"Scene > cha17 > 17.1 > 书.psd"文件，选择相应的图层，如图 17-9 所示。

（2）使用 ![移动] （移动）工具，将选择的素材图像拖曳到效果图文档中，按 Ctrl+T 组合键，打开"自由变换"，鼠标右击自由变换区域，在弹出的快捷菜单中选择"扭曲"命令，如图 17-10 所示的多边形。

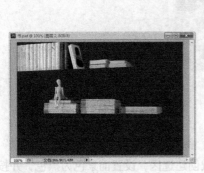

图 17-9

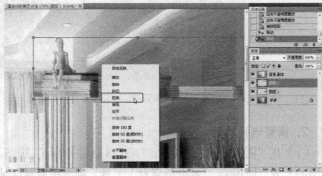

图 17-10

（3）调整图像区域的控制点，调整的图像如图 17-11 示。

图 17-11

（4）按 Ctrl+M 组合键，在弹出的对话框中调整图像的曲线，如图 17-12 所示。

图 17-12

（5）使用同样的方法将另一个书的素材拖曳到文档中，并调整其效果，如图 17-13 所示。

图 17-13

（6）按 Ctrl+M 组合键，在弹出的对话框中调整图像的曲线，如图 17-14 所示。

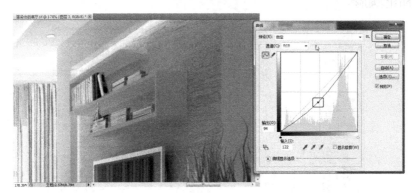

图 17-14

（7）打开随书附带光盘 "Scene > cha17 > 17.1 > 花盆.psd" 文件，选择"图层 1"，使用 [图标]（多边形套索）工具，在需要的盆栽区域创建选区，如图 17-15 所示。

（8）使用 [图标]（移动）工具，将选择的素材图像拖曳到效果图文档中，按 Ctrl+T 组合键，打开"自由变换"，按住 Shift 键，等比例缩放素材图像，按 Enter 键确定操作，如图 17-16 所示两个盆栽图像效果。

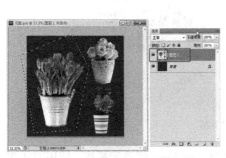

图 17-15

图 17-16

（9）对近端的盆栽图层进行复制，并使用自由变换调整其角度，设置图层的"不透明度"为

10%，如图 17-17 所示。

图 17-17

（10）使用 ▣（多边形套索）工具，在如图 17-18 所示不需要倒影的区域创建选区，并按 Delete 键将选区中的图像删除。

图 17-18

（11）打开随书附带光盘 "Scene > cha17 > 17.1 > 花瓶 02.psd" 文件，如图 17-19 所示。

（12）将素材拖曳到效果图文档中，按 Ctrl+T 组合键，调整图像的大小，按 Enter 键确定操作，并移动素材图像的位置，如图 17-20 所示。

图 17-19   图 17-20

（13）复制素材图层，按 Ctrl+T 组合键，调整图像的角度，按 Enter 键确定操作。使用 ▣（多边形套索）工具，在不需要的图像区域创建选区，按 Delete 键，删除选区中的图像，如图 17-21 所示。

图 17-21

（14）设置作为倒影图层的"不透明度"为 80%，如图 17-22 所示。

图 17-22

（15）按 Ctrl+Shift+Alt+E 组合键，盖印图层到新的图层中，调整图层的位置为顶端，如图 17-23 所示。

（16）选择盖印出的图层，在菜单栏中选择"图像>自动色调、自动对比度"两个命令，如图 17-24 所示。

图 17-23

图 17-24

 注意　盖印图层是把所有的可见图层合并为一个新的图层。

271

4. 存储文件

（1）在菜单栏中选择"文件>存储为"命令，将带有图层的文件进行存储，便于以后的调整和修改，如图 17-25 所示。

（2）单击在"图层"面板的右上角的"▼≡"按钮，在弹出的菜单中选择"拼合图像"命令，将图层合并为一个图层，如图 17-26 所示。

（3）合并图层后，在菜单栏中选择"文件>存储为"命令，将合并图层的文件作为效果文件进行存储，如图 17-27 所示。

图 17-25　　　　　　　　　　　　图 17-26　　　　　　　　　　　　图 17-27

17.2　实例 21——会议室的后期处理

17.2.1　案例分析

本例介绍使用曲线调整图像的亮度，设置图像的模糊效果，并设置图层的混合模式，添加图像素材，调整图像的大小和形状，完成的会议室后期效果。

17.2.2　案例设计

本案例设计流程如图 17-28 所示。

渲染出的图像效果　　　　　　　添加素材图像　　　　　　　调整整体图像效果

图 17-28

17.2.3　案例制作

1．添加素材图像

（1）在工具箱中选择 （多边形套索）工具，在场景中画框的位置创建选区，如图 17-29 所示。

（2）将画框的区域选取后按 Ctrl+J 组合键，将选区中的图像复制到新的图层中，如图 17-30 所示。

图 17-29　　　　　　　　　　　　　　　　　　图 17-30

（3）打开随书附带光盘"Scene > cha17 > 17.2 > 插画 01、插画 02、插画 03、插画 04.jpg"素材图像文件，如图 17-31 所示。

（4）在工具箱中选择 （矩形选框）工具，选择需要添加的图像，创建选区，并按 Ctrl+C 组合键，复制选择的区域，如图 17-32 所示。

图 17-31　　　　　　　　　　　　　　　　　　图 17-32

（5）切换到文档中，按 Ctrl+V 组合键，将选择的图像区域粘贴到场景文件中，如图 17-33 所示。

图 17-33

273

（6）设置图层的混合模式为"叠加"，如图 17-34 所示。

图 17-34

（7）继续添加图像，设置图像的混合模式，如图 17-35 所示。

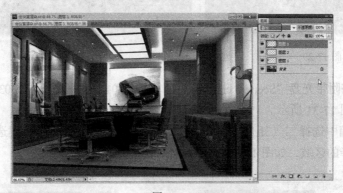

图 17-35

（8）使用同样的方法添加素材图像，添加素材图像后，按住 Ctrl 键，单击复制出的画框图层的缩览窗口，将其载入选区，按 Ctrl+Shift+I 组合键，反选区域，并分别删除选区中的多余图像，如图 17-36 所示。

图 17-36

2. 调整整体图像效果

（1）按 Ctrl+Shift+Alt+E 组合键，盖印可见图层到新的图层中，按 Ctrl+M 组合键，在弹出的对话框中调整曲线，如图 17-37 所示。

图 17-37

（2）盖印图层后，按 Ctrl+M 组合键，在弹出的对话框中调整曲线，如图 17-38 所示。

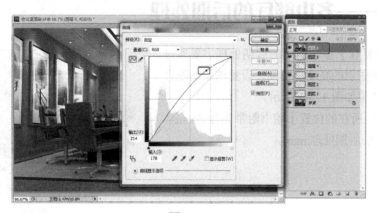

图 17-38

（3）将盖印的图层拖曳到新建图层按钮上，复制图层副本，在菜单栏中选择"滤镜>模糊>高斯模糊"命令，在弹出的对话框中设置模糊"半径"为 3.9，如图 17-39 所示。

图 17-39

（4）设置图层的混合模式为"柔光"，设置"不透明度"为 40%，如图 17-40 所示。

（5）这样会议室的后期就制作完成，将带有图层的场景文件进行存储，存储场景文件后，合并图层，将合并图层后的效果文件进行存储，这里就不详细介绍了。

275

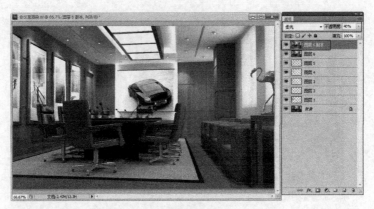

图 17-40

课堂练习——多功能厅的后期处理

【练习知识要点】多功能厅的后期处理主要通过复制图层，调整图层的亮度、模糊，设置图层的混合模式完成后期效果如图 17-41 所示。

【效果图文件所在的位置】随书附带光盘 Scene\cha17\多功能厅的后期处理.max。

图 17-41

课后习题——卧室的后期处理

【习题知识要点】卧室的后期处理主要通过复制图层，调整图层的亮度、模糊，设置图层的混合模式完成后期效果如图 17-42 所示。

【效果图文件所在的位置】随书附带光盘 Scene\cha17\办公椅.max。

图 17-42

第18章

室外效果图的后期处理

在室外效果图的设计制作过程中，通过空间、环境的有效组合，能够使若干单薄的模型营造出不同个性的空间氛围。而在后期环境中，为了营造真实的环境气氛，通常要使用大量的配景素材，例如草地、花卉和树木等。本章将来学习室外效果图后期处理的方法和技巧。

课堂学习目标

- 掌握室外效果图后期处理的手段
- 掌握室外效果图后期处理的方法
- 掌握室外效果图后期处理的技巧

18.1 实例 22——凉亭的后期处理

18.1.1 案例分析

本例介绍调整凉亭的效果，为凉亭添加后期装饰素材图像，调整图像的大小，完成图像后期的处理。

18.1.2 案例设计

本案例设计流程图如图 18-1 所示。

渲染出的图像　　　　　　　　　添加背景素材图像　　　　　　　　　添加前景素材图像

图 18-1

18.1.3 案例制作

（1）运行 photoshop 软件，打开渲染出的凉亭效果图，如图 18-2 所示。

（2）在菜单栏中选择"选择 > 载入选区"命令，在弹出的"载入选区"对话框中单击"确定"按钮，如图 18-3 所示。

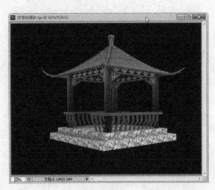

图 18-2　　　　　　　　　　　　　　　　图 18-3

（3）按 Ctrl+C 组合键复制选区中的图像，按 Ctrl+N 组合键新建文件，在弹出的"新建"对话框中单击"确定"按钮，按 Ctrl+V 组合键粘贴图像到新建的文件中，如图 18-4 所示。

（4）打开随书附带光盘"Sence > cha18 > 18.1 > 背景.jpg"文件，如图 18-5 所示。

图 18-4　　　　　　　　　　　　　　　　　图 18-5

（5）使用（移动工具）将背景图拖曳到效果图文件中，在"图层"面板中调整图层的位置，如图 18-6 所示。

（6）按 Ctrl+T 组合键打开自由变换，按 Shift 键等比例缩放图形，如图 18-7 所示，按 Enter键确定操作，继续调整亭子的比例。

图 18-6　　　　　　　　　　　　　　　　　图 18-7

（7）打开随书附带光盘"Sence > cha18 > 18.1 > 土路.jpg"文件，如图 18-8 所示。

（8）使用（移动工具）将土路图拖曳到效果图文件中，在"图层"面板中调整图层的位置，按 Ctrl+T 键打开自由变换，按 Shift 键等比例缩放图形，如图 18-9 所示，按 Enter 键确定操作。

图 18-8　　　　　　　　　　　　　　　　　图 18-9

（9）打开随书附带光盘"Sence > cha18 > 18.1 > 砖路.jpg"文件，如图 18-10 所示。

（10）使用 （移动工具）将砖路图拖曳到效果图文件中，在"图层"面板中调整图层的位置，按 Ctrl+T 键打开自由变换，按 Shift 键等比例缩放图形，如图 18-11 所示，按 Enter 键确定操作。

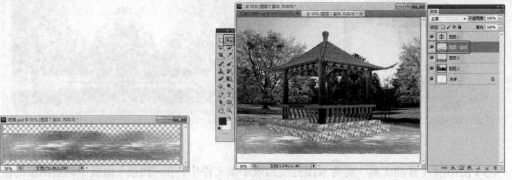

图 18-10   图 18-11

（11）打开随书附带光盘"Sence>cha18>18.1>石 01、石 02.jpg"文件，如图 18-12 所示。

（12）使用 （移动工具）将石 01、石 02 图拖曳到效果图文件中，在"图层"面板中调整图层的位置，按 Ctrl+T 组合键打开自由变换，按 Shift 键等比例缩放图形，使用 （裁剪）工具将效果图文件进行裁剪，如图 18-13 所示。

图 18-12   图 18-13

（13）打开随书附带光盘"Sence > cha18 > 18.1 > 半颗植物.jpg"文件，如图 18-14 所示。

（14）使用 （移动工具）将半颗植物图拖曳到效果图文件中，在"图层"面板中调整图层的位置，按 Ctrl+T 组合键打开自由变换，按 Shift 键等比例缩放图形，如图 18-15 所示。

图 18-14   图 18-15

（15）打开随书附带光盘 "Sence > cha18 > 18.1 > 树探头 01.jpg" 文件，如图 18-16 所示。

（16）使用 （移动工具）将树探头 01 图拖曳到效果图文件中，在"图层"面板中调整图层的位置，按 Ctrl+T 组合键打开自由变换，按 Shift 键等比例缩放图形，如图 18-17 所示。

图 18-16

图 18-17

（17）在"图层"面板中选择亭子所在的图层"图层 1"，在菜单栏中单击"图像 > 自动色调、自动对比度、自动颜色"，使用 （多边形套索）工具，在亭子的底部创建选区，如图 18-18 所示。

（18）在菜单栏中单击"选择 > 修改 > 羽化"命令，在弹出的"羽化选区"对话框中设置"羽化半径"为 10，单击"确定"按钮，如图 18-19 所示。

图 18-18

图 18-19

（19）按 Ctrl+M 组合键，在弹出的"曲线"对话框中调整曲线，单击"确定"按钮，如图 18-20 所示。

（20）向下移动选区按 Delete 键，删除选区中的亭子底座的一部分区域，按 Ctrl+D 组合键取消选区的选择，如图 18-21 所示。

（21）在"图层"面板中选择亭子所在的图层"图层 1"，对其进行复制，按 Ctrl+T 组合键打开自由变换，按 Shift 键等比例缩放图形，调整其合适的位置，如图 18-22 所示。

（22）按 Ctrl+U 组合键，在弹出的"色相/饱和度"对话框中设置"明度"为-100，单击"确定"按钮，如图 18-23 所示。

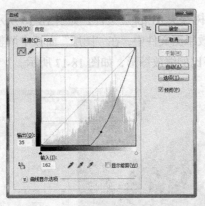

图 18-20　　　　　　　　　　　　　　　　　图 18-21

图 18-22　　　　　　　　　　　　　　　　　图 18-23

（23）在"图层"面板中设置"不透明度"为 25%，在菜单栏中单击"滤镜 > 模糊 > 高斯模糊"命令，在弹出的"高斯模糊"对话框中设置"半径"为 4，单击"确定"按钮，如图 18-24所示。

（24）完成的效果如图 18-25 所示。将带有图层的文件进行存储，便于以后的调整和修改，存储场景文件后合并图层，存储一个效果图文件，这里就不详细介绍了。

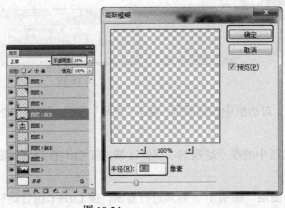

图 18-24　　　　　　　　　　　　　　　　　图 18-25

18.2 实例 23——商业建筑的后期处理

18.2.1 案例分析

本例介绍商业建筑的后期的效果，通过选择选择线框颜色调整模型的效果，为商业建筑添加后期装饰素材图像，完成图像后期的处理。

18.2.2 案例设计

本案例设计流程图如图 18-26 所示。

图 18-26

18.2.3 案例制作

1. 调整建筑整体效果

在 3ds max 中渲染出的图像太暗，下面我们将渲染出的图像调亮。

（1）运行 Photoshop CS5 软件，打开渲染输出的图像，如图 18-27 所示。

（2）在菜单栏中选择"选择>载入选区"命令，将建筑载入选区，如图 18-28 所示。

图 18-27   图 18-28

（3）载入的选区如图 18-29 所示。

（4）按 Ctrl+C 组合键，复制选区，按 Ctrl+N 组合键，新建文档，按 Ctrl+V 组合键，将复制的选择区域粘贴到文档中，如图 18-30 所示。

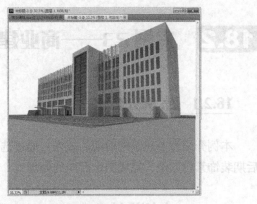

图 18-29   图 18-30

（5）将线框图载入选区，如图 18-31 所示。

（6）将线框图载入选区，将线框图粘贴到效果图的文档中，在"图层"面板中调整图层的位置，如图 18-32 所示。

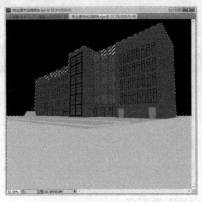
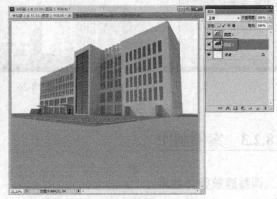

图 18-31   图 18-32

（7）使用 （裁剪）工具将效果图文件进行裁剪，如图 18-33 所示。

图 18-33

（8）使用 （移动）工具，在"图层"面板中选择图层 1 和图层 2，移动涂层的位置，如图 18-34 所示。

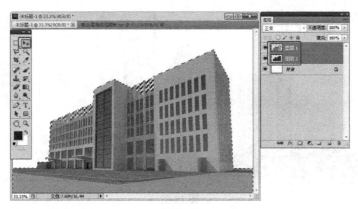

图 18-34

（9）隐藏图层 1，选择图层 2，使用 （魔棒）工具在工具选项栏中取消"连续"的勾选，选择墙体模型的线框颜色，显示并选择图层 1，如图 18-35 所示。

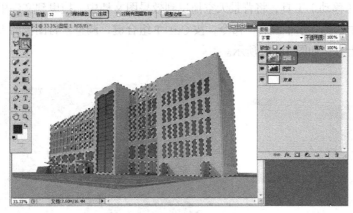

图 18-35

（10）按 Ctrl+M 组合键，在弹出的"曲线"对话框中调整曲线的形状，如图 18-36 所示。

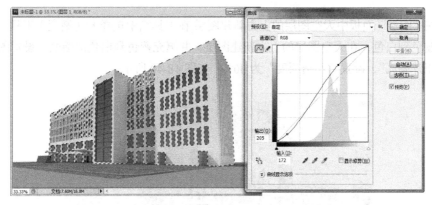

图 18-36

（11）按 Ctrl+D 组合键取消选择，在工具选项栏中勾选"连续"选项，使用同样的方法选择地面线框颜色，按 Ctrl+M 组合键，在弹出的"曲线"对话框中调整曲线的形状，如图 18-37 所示，按 Ctrl+D 组合键取消选择。

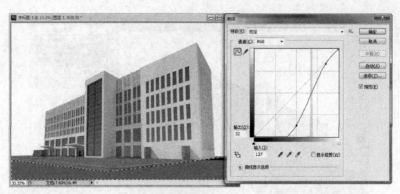

图 18-37

2. 添加背景图像素材

下面介绍为效果图添加背景素材。

（1）打开素材文件"Scene > cha18 > 18.2 > 天空 01.tif"文件，如图 18-38 所示。

（2）使用 ▶+（移动）工具，将背景天空拖曳到效果图文档中，拖曳到文件中后，鼠标右击在弹出的快捷菜单中选择"水平翻转"命令，按 Ctrl+T 组合键，调整素材图像的大小，将图层放置到"背景"层的上方，如图 18-39 所示。

图 18-38

图 18-39

（3）在"图层"面板中天空图层的上方新建图层,在工具箱中选择 ■（渐变）工具，设置渐变的颜色为蓝色到白色，在天空图层的上方新建图层，并填充蓝色到白色的渐变，设置图层的混合模式为"正片叠底"，设置"不透明度"为 40%，如图 18-40 所示。

图 18-40

286

（4）在"图层"面板底部单击"□（创建组）"按钮，新建组，并建筑和背景天空图层放置到该图层组中，双击图层组，在弹出的对话框中设置图层组的名称和颜色，如图 18-41 所示。

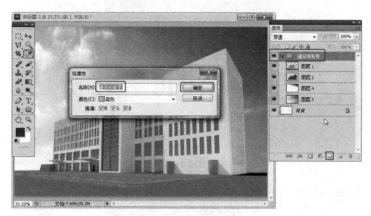

图 18-41

（5）打开"远景植物.psd"文件，如图 18-42 所示。

图 18-42

（6）将素材拖曳到场景中调整大小和位置，如图 18-43 所示，复制图层调整图像。

（7）打开"远景建筑.psd"文件，如图 18-44 所示。

图 18-43

图 18-44

（8）将建筑素材拖曳到效果图文档中，如图 18-45 所示。

（9）调整建筑素材的大小和位置，复制建筑素材，并设置图层的"不透明度"为 55%，如图 18-46 所示。

图 18-45

图 18-46

3. 添加建筑前植物素材

（1）在"图层"面板中创建新的图层组，并将其命名为"建筑前植物"。打开"植物.psd"素材，如图 18-47 所示。

（2）选择相应的图像图层，并将其拖曳到效果图文件中，调整素材的位置和大小，如图 18-48 所示。

图 18-47

图 18-48

（3）复制植物图层。调整图像的角度和大小，如图 18-49 所示。

图 18-49

（4）设置图层的"不透明度"为 50%，按 Ctrl+U 组合键，在弹出的对话框中设置"明度"为 -100，如图 18-50 所示。

图 18-50

（5）在菜单栏中选择"滤镜 > 模糊 > 高斯模糊"命令，在弹出的对话框中设置"半径"为 8，如图 18-51 所示。

（6）双击图层，重命名图层的名称，可以便于管理图层，这里就不详细介绍了，如图 18-52 所示。

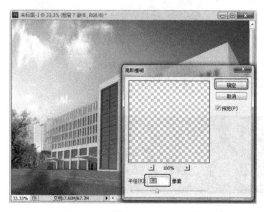

图 18-51

图 18-52

（7）继续添加植物素材，调整植物的大小和角度，如图 18-53 所示。

图 18-53

（8）打开素材文件"花坛-花 01.psd"文件，如图 18-54 所示。

图 18-54

（9）将素材拖曳到效果图文档中，调整素材的大小，如图 18-55 所示。

（10）复制素材图像，如图 18-56 所示。

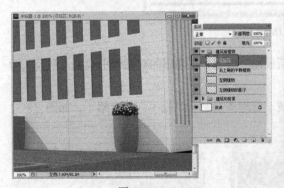

图 18-55

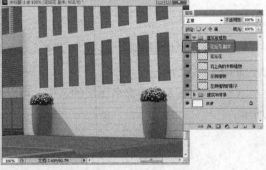

图 18-56

（11）打开素材"花坛-花 02.psd"文件，如图 18-57 所示。

图 18-57

（12）拖曳素材到效果图文档中，如图 18-58 所示。

图 18-58

（13）打开素材"花坛.psd"文件，如图 18-59 所示。

图 18-59

（14）将素材拖曳到效果图文档中，并调整素材的大小和效果，这里就不详细介绍了，如图 18-60 所示。

图 18-60

（15）使用 ▨（多边形套索）工具，在花坛的底部创建选区，将选区中的素材删除，如图 18-61 所示。

（16）使用同样的方法添加另外一侧的花坛，如图 18-62 所示。

图 18-61

图 18-62

4. 添加人物素材

由于人物素材分布的广，所以其所在的图层位置也必须要随时调整，下面介绍人物素材的添加。

（1）打开"人物 2.psd"文件，如图 18-63 所示。

图 18-63

（2）使用选区工具选区需要的人物，将其人物素材拖曳到效果图文档中，并调整图像的大小，如图 18-64 所示。

（3）打开"人物.psd"文件，如图 18-65 所示。

（4）鼠标右击需要添加的素材图层，并将其拖曳到文档中，如图 18-66 所示。

图 18-64

图 18-65

图 18-66

5. 制作建筑玻璃反射的效果

下面介绍建筑玻璃的反射效果。

（1）在效果图文档中只显示线框颜色图层，并选择玻璃位置的颜色，如图 18-67 所示。

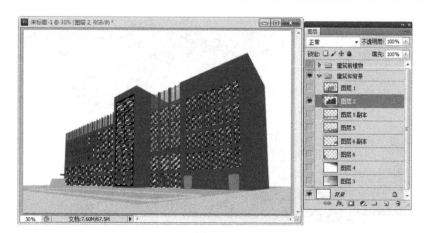

图 18-67

（2）按 Ctrl+J 组合键，将选区中的玻璃选区复制到新的图层中。打开素材"反射.jpg"文件，如图 18-68 所示。

图 18-68

（3）将素材图像拖曳到效果图文档中，调整素材的大小，按住 Ctrl 键，单击玻璃图层前的缩览图，将玻璃载入选区，如图 18-69 所示。

图 18-69

（4）单击"▣（添加图层蒙版）"按钮，覆盖选区外的图像，如图 18-70 所示。设置图层的混合模式为"柔光"，并设置"不透明度"为 40%。

图 18-70

（5）将素材图像拖曳到效果图文档中，调整素材的大小，调整图像后，再次载入玻璃的选区，如图 18-71 所示。设置选区的蒙版。

图 18-71

（6）设置图层的混合模式为"正片叠底"，设置"不透明度"为 40%，如图 18-72 所示。

图 18-72

6. 设置效果图的特殊效果

（1）按 Ctrl+Alt+Shift+E 组合键盖印图层，如图 18-73 所示。

图 18-73

（2）设置图层的高斯模糊，如图 18-74 所示。

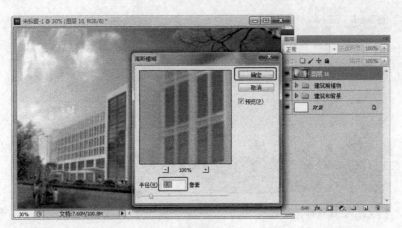

图 18-74

（3）调整模糊图像的曲线，如图 18-75 所示。

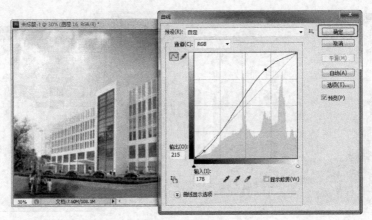

图 18-75

（4）设置图层的混合模式为"柔光"，并设置"不透明度"为 50%，如图 18-76 所示。

图 18-76

（5）复制盖印的图层，调整图层的位置，设置图层的混合模式为"线性加深"，设置"不透明度"为 20%，如图 18-77 所示。

图 18-77

（6）在图层面板中新建图层，填充黑色，如图 18-78 所示。

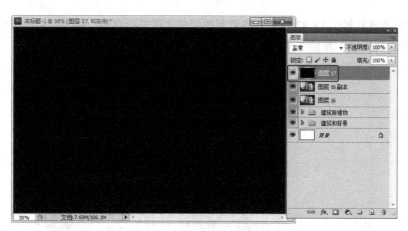

图 18-78

（7）在菜单栏中选择"滤镜 > 渲染 > 镜头光晕"命令，在弹出的对话框中设置光晕效果，如图 18-79 所示。

（8）设置的镜头光晕效果，如图 18-80 所示。

图 18-79

图 18-80

297

（9）设置图层混合模式为"滤色"，并在场景中调整图像的大小，如图 18-81 所示。

图 18-81

（10）完成的效果如图 18-82 所示。将带有图层的文件进行存储，便于以后的调整和修改，存储场景文件后合并图层，存储一个效果图文件，这里就不详细介绍了。

图 18-82

课堂练习——别墅的后期处理

【练习知识要点】别墅的后期处理主要是调整主体建筑的色调，玻璃的反射，为效果图添加背景素材、植物素材、人物素材等装饰材质，完成的别墅后期处理如图 18-83 所示。

【效果图文件所在的位置】随书附带光盘 Scene\cha18\别墅的后期处理.max。

图 18-83

课后习题——住宅楼的后期处理

【习题知识要点】住宅楼的后期处理主要也是调整建筑的主体色调、玻璃的反射，并为效果图添加一些装饰素材万册和那个住宅楼的后期处理效果，如图 18-84 所示。

【效果图文件所在的位置】随书附带光盘 Scene\cha18\住宅楼的后期处理.max。

图 18-84